JN321130

図1　ボイジャー
1986年12月14日、世界一周を目指して太平洋に乗り出す
ディック・ルタン、女性パイロット、ジーナ・イェーガーの操縦で出発。ボイジャーの設計者、バート・ルタンは伴走機に乗って、離陸の際に翼端を破損した機体の状況を確認し、2時間の洋上飛行の後、別れを告げた。
〈本文17頁・図1及び129頁・図47〉
photograph © 1986、Mark Greenberg/Visions

Ⓐ

Ⓒ

Ⓑ

図2　アメリカ航空宇宙博物館に展示されているボイジャー
無給油・無着陸で世界一周に成功したボイジャーの機体はアメリカの首都ワシントンにある国立航空宇宙博物館1階の大ホールに展示されⒶ、9日間にわたる飛行によって汚れた主翼Ⓑ、離陸の際に滑走路に接触して破損した翼端Ⓒを身近に見ることができる。
〈本文113頁・図41〉

図3　1987年3月8日、東京で開催された、ディック・ルタン、ジーナ・イェーガー来日記念講演「ロマンと冒険を求めて」
西武百貨店池袋店の会場では、壇上の右側にディック、ジーナ、通訳、左側に作家・小松左京、著者が並んで（上）、ボイジャーの機体、飛行について約1時間の対談の後、ディックは著者と握手をして別れ（下）、彼等はその日に発って帰国した（後藤正弘撮影）。
〈本文155頁・図53〉

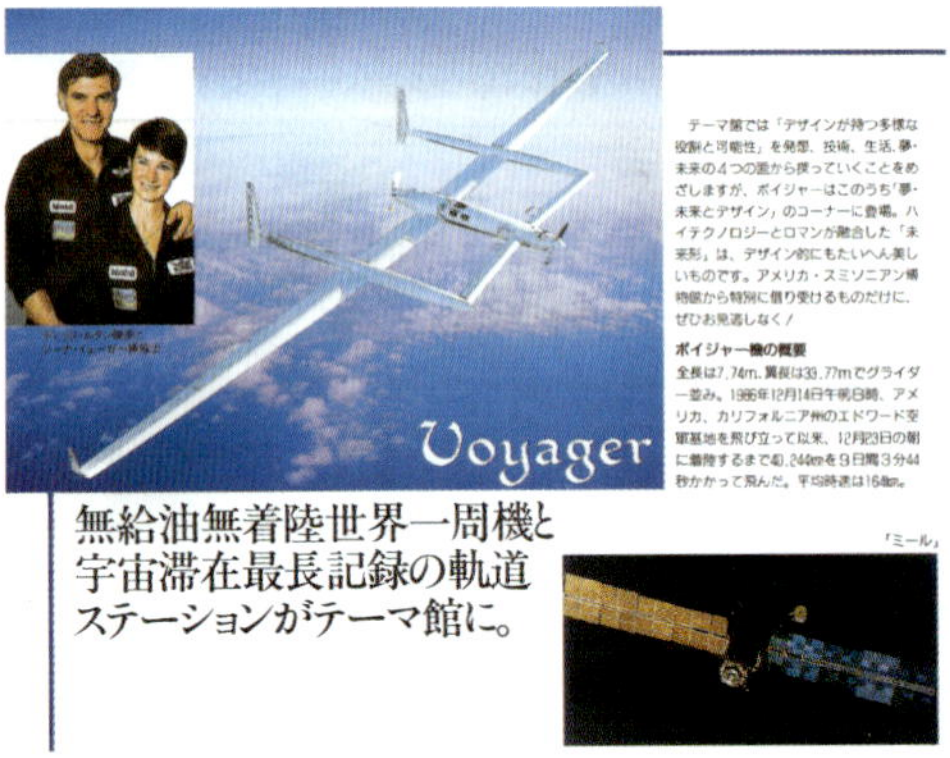
Voyager

テーマ館では「デザインが持つ多様な役割と可能性」を発想、技術、生活、夢・未来の4つの面から探っていくことをめざしますが、ボイジャーはこのうち「夢・未来とデザイン」のコーナーに登場。ハイテクノロジーとロマンが融合した「未来形」は、デザイン的にもたいへん美しいものです。アメリカ・スミソニアン博物館から特別に借り受けるものだけに、ぜひお見逃しなく！

ボイジャー機の概要

全長は7.74m、翼長は33.77mでグライダー並み。1986年12月14日午前8時、アメリカ、カリフォルニア州のエドワード空軍基地を飛び立って以来、12月23日の朝に着陸するまで40,244kmを9日間3分44秒かかって飛んだ。平均時速は1[illegible]km。

無給油無着陸世界一周機と宇宙滞在最長記録の軌道ステーションがテーマ館に。

「ミール」

図4　名古屋市で開催の世界デザイン博覧会にボイジャーを展示

1989年に名古屋で開かれる世界デザイン博にボイジャーを展示する計画が具体化して、博覧会のテーマ館の「夢・未来とデザイン」のコーナーに展示されることになり、博覧会協会による「計画の概要」（1988年５月）に大きく写真と記事が出た。　〈本文163頁・図54〉

図５　1988年８月、女性パイロット、ジーナ・イエーガーさんが名古屋を訪問、ボイジャーの紙モデルを飛ばす

ボイジャーの展示方法の打ち合わせのために名古屋を訪問したジーナさんは、西尾武喜市長にボイジャーの写真を贈呈する一方、名古屋市科学館では子供たちと交換したり、一緒にボイジャーの紙モデルを飛ばせて楽しんだ。
〈本文186頁・図62〉

図6　世界デザイン博覧会のテーマ館に展示されたボイジャーの実物大モデル
1989年2月、航空宇宙博物館は輸送中の破損を恐れ、ボイジャー本体の貸出しは不可能としたので、デザイン博にはアメリカで製作した実物大のモデルが展示された。　〈本文189頁・図63〉

図7　1989年7月25日、デザイン博の開会式に出席したジーナ・イエーガーさん
開会式のあと、ボイジャーの展示を見上げたジーナさんは、「全くの新品ですものねえ」と嬉しそうに話し、著者（左）、白井正巳（右）との記念撮影に応じた。　〈本文189頁・図64〉

図８　世界一周機、グローバル・フライヤー
2005年２月28日、カンサス州のサリーナ空港を離陸、３月３日、同空港に着陸し、67時間２分38秒の飛行によって、アメリカの富豪で冒険家のスティーブ・フォセット氏がジェット機による初の単独・無給油・無着陸の世界一周飛行に成功した。
〈本文87頁・図29〉　写真：ヴァージンアトランティック航空

図９　バート・ルタン設計の無線中継機、プロテウス
19,800ｍの高高度に18時間以上も留まるという長大な航続時間を有し、航空機を無線通信中継器として使用する試験のために開発された。ボイジャーの双胴の前半分を切断し、中央胴体を延長して、長いカナードを付けたような形をしている。
〈本文87頁・図31〉

図10　ボイジャーのプラモデル、ポーランド製
プラモデルの製造には、著作権者の承認が必要だが、ボイジャーの、場合はそれが難しいため、アメリカや西欧では作れないと言われていたが、ポーランドでは規制が緩いために販売された、「Aモデル 1/72　ボイジャー世界一周長距離記録機」であり、説明はロシア語である。　〈198頁〉

図11　ボイジャーの記念切手、コンゴ民主共和国（2003年）
2009年7月に、航空史研究家、荒山彰久氏から贈られた切手で、コンゴはボイジャーの飛行コースに当たっているので、切手が出るのは不思議ではないが、何故この年に出たのか、は不明である。その他、筑波大学名誉教授の山田圭一氏が、2005年11月に贈って下さったグレネーダ（グラナダ）島で出した切手がある。　〈148頁〉

図12　ボイジャーの機内食
1987年、記念講演の会場で開催された「ボイジャー全記録展」の売店で売っていた。左側のスープはチキンと豆のインスタント・クリームで、右側のシェイクの袋には、下のようなバニラ味とストロベリー味と二種類のミールシェイクが入っている。
〈本文133頁・図48〉

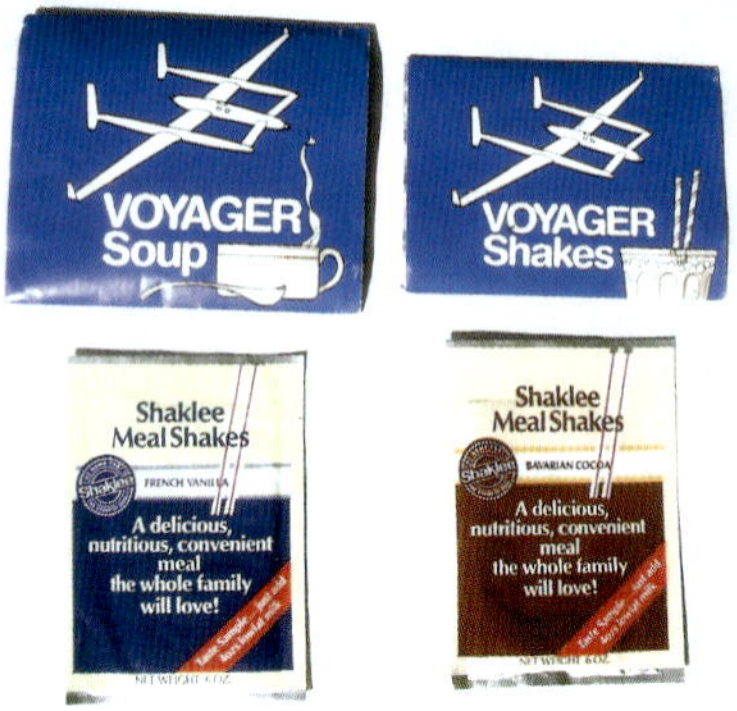

図13　ボイジャーのマグ・カップ
記録展の売店では、ボイジャーの基金募集のために作られたボイジャー・グッズが売られていた。ボイジャーの絵がついたTシャツ、トレーナー、写真などと共に売られていたマグ・カップである。
〈本文154頁・図52〉

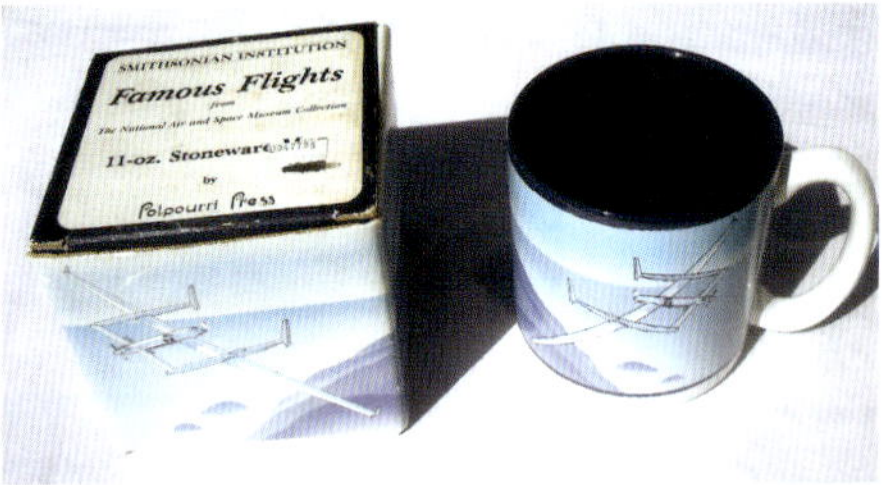

図14　ボイジャーのワッペン
1989年の世界デザイン博覧会の売店で売られていたワッペンで、その他にボイジャーの絵を描いた丸いバッジやボイジャーの機体を模した小さいバッジがある。
〈本文154頁・図52〉

はじめに

長距離機〝ボイジャー〟、宇宙探査機〝ボイジャー〟というと、まるで固有名詞のような感じがするが、ボイジャーとはvoyager＝航海者を意味する言葉であり、それを口ずさむと未知の海洋に乗り出して行った人達と船の姿が浮かんで来る。

ポルトガルの首都リスボンの郊外、テージョ川沿いにはベレンの塔、発見のモニュメントという大航海時代を偲ばせる建造物がある。二〇〇八年一〇月五日、私はこの地を訪れて、エンリケ王子主導の下に、一六世紀の始め、インド航路を開拓したヴァスコ・ダ・ガマ、世界周航を実現させたマゼランなど、ここから船出して行った多くの航海者の面影を偲び、大西洋の水平線に消えてゆく帆船の姿を思った。

それと同じように、一九〇三年、ライト兄弟が世界最初の動力飛行の成功によって、空を飛ぶという人類の夢を実現して以来、多くの〝空の航海者〟とも言うべき飛行家達が大空に舞い上がって行った。

よく知られているのは、リンドバーグによるニューヨークとパリを結ぶ大西洋横断飛行であり、「翼よ、あれがパリの灯だ」という言葉とともに、その乗機〝スピリット・オブ・セントルイス〟の独特な姿が浮かんでくる。

彼等は、"より遠く"、"より高く"、"より速く"を目指して多彩な飛行を展開してきたが、その最大で最後の記録といわれていたのが、無給油・無着陸世界一周の飛行であり、それに成功したのが、長距離機"ボイジャー"であった。
そこに至るまでに、どれだけ多くの飛行家が挑戦し、そのためにどんな飛行機が開発されたか、この本はそんな人と機体の物語である。

樋口敬二

二〇〇九年一一月二一日

夢を翔んだ翼　ボイジャー

無給油無着陸の世界一周機

樋口敬二

酣燈社

目次◎夢を翔んだ翼・ボイジャー ── 無給油無着陸の世界一周機 ──

はじめに 9

第I部 無給油・無着陸世界一周飛行へのチャレンジ
1 〝ひと・夢・デザイン〟 16
2 ボイジャー計画の報道 18

第II部 ボイジャーとはどんな飛行機か
1 特殊長距離機・ボイジャー 26
2 長距離機の系譜 38
3 航研機からA-26長距離機へ 56
4 機体の軽量化と細長い翼 68
5 二つの胴体─双胴機への想い 76
6 グローバル・フライヤーへ 83
7 中央胴体─串型エンジンと狭い操縦席 88
8 市民が飛行機を作る─ホームビルト機 100

第III部 最後の偉大な世界記録
1 ボイジャーを見て 112
2 飛行のコースと時期─最良ではなく最悪─ 116

3 いざ出発―翼端が破損 124
4 太平洋へ―台風マージ 130
5 アフリカ上空―燃料問題と伴走機 137
6 大西洋横断―乱気流で機体が垂直に 141
7 太平洋へ―エンジン停止 143
8 偉業は市民の手によって 145
コラム ボイジャーの記念切手 147

第Ⅳ部 ボイジャーと日本
1 ディックとジーナの訪日 150
2 デザイン博にボイジャーの展示を 158
3 七十年来の飛行機好き 164
4 実物大モデルの展示に 179
5 ボイジャーに学ぶ 188
6 若者たちに夢をおくる 193
コラム ボイジャーのプラモデル 198

参考文献一覧 213
おわりに 214

第Ⅰ部　無給油・無着陸世界一周飛行へのチャレンジ

1 ひと・夢・デザイン

一九八九年（平成元年）七月一五日、名古屋で世界デザイン博覧会の開催を迎えた。名古屋市制一〇〇周年を記念したイベントで、テーマは「ひと・夢・デザイン」であり、それにぴったりの展示として、テーマ館に飾られたのが無給油・無着陸で世界一周飛行に成功した長距離機ボイジャーである。

一九〇三年一二月一七日、ライト兄弟が世界最初の動力飛行に成功して以来、人類の飛びたいという〝夢〟は、より速く、より高く、より遠く、という三つの方向に伸びてきたが、その最後まで残された目標が、無給油・無着陸で地球を一周する飛行である。

そして、その〝夢〟を実現した〝ひと〟が、一九八六年（昭和六一年）の一二月一四日から二三日までの九日間、ボイジャーを操縦して世界一周に成功したパイロット、ディック・ルタンと女性パイロット、ジーナ・イェーガーである。そして、そんな飛行を実現するために、ディックの弟、バート・ルタンが設計した飛行機がボイジャーであった。しかも、機体の製作は数千人という一般市民が参加した手作りであり、ここにも〝ひと〟の結集がある。細長い翼、三本の胴体とそれを結ぶ先尾翼という美しい形（図1）は、テクノロジーとロマンを融合させた〝デザイン〟であり、デザイン博のテーマ〝ひと・夢・デザイン〟にぴったりた

図1　世界一周へ太平洋に乗り出すボイジャー

りの展示として、ボイジャーが選ばれたのである。
実際に、無給油・無着陸・世界一周飛行は、アメリカン・ドリームと言われ、それを達成した女性パイロット、ジーナ・イェーガーはこの言葉が好きで、飛行の成功後に来日した際にも、機会ある毎に、
"Today's dreams are Tomorrow's realities."
という言葉を講演でも、本のサインでも、繰り返していた（図8）。
アメリカ人はドリームという言葉が好きで、二〇〇八年に当選したオバマ大統領の選挙活動もドリームという表現で報じられたが、その理由は、一九六三年、アメリカにおける人種差別撤廃を訴えた「ワシントン大行進」において「I have a Dream（私には夢がある）」という歴史に残る名演説をしたマーチン・キング牧師の流れにオバマ氏が連なるとされたためである。
そこで、ボイジャー計画もアメリカン・ドリームと

いわれたのだが、そこにはフロンテイア・スピリットが流れているため、私はボイジャーが出発する一九八六年一〇月、当時定期的に担当していたNHKラジオの夜間放送「NHKジャーナル」の「マイク・コラム」という短い番組で、「世界一周飛行とフロンテイア・スピリット」という題で、ボイジャーについて次のように話した。

「ボイジャー計画にアメリカ人らしさの真髄を見る思いがする第一の点は、パイオニアとしてのチャレンジ精神である。日本人は、誰もやらなかったことにおじけづくが、逆にアメリカ人は誰もやらなかったという、そのことだけで奮い立つ、そこに新しい世界を拓く活力、フロンテイア・スピリットがある。

第二の点は、誰もやれなかったことを実現するために、新しい手段を生み出す能力である。無給油・無着陸世界一周という目的のために、時速二〇〇キロ、すなわち新幹線ほどのスピードでゆっくり飛ぶという逆手をついた計画を立て、そんな飛行を可能にするために、ボイジャーという斬新な機体を設計、製作したのである。」

2　ボイジャー計画の報道

このように、私がボイジャーに強い関心を持つようになったのは、この放送の少し前、一九八六年九月二七日の毎日新聞朝刊の解説記事「米人が無給油無着陸世界一周飛行へ—成功ならリンドバーグ級」によって、ボイジャーの性能、飛行計画の詳細を知ってからだが、この計画が最初に日本の新聞に載ったのは、一九八六年の七月一六日の朝日新聞（夕刊）、中日新聞（夕刊）である。

続いて九月二七日に毎日新聞朝刊の解説記事が出て、一二月一四日の出発が「米の軽量機"ボイジャー"、挑む無着陸世界一周―"消エネ"一〇日間の旅立ち」（朝日新聞一二月一五日夕刊）と報じられ、一二月二四日には、飛行の成功が、「やった、ボイジャー世界一周―市民十万人の出迎え、無事帰還」、「ボイジャー大冒険コンビ―あざだらけ、栄光の帰還―乱気流、あらし、睡魔」、「月光が快挙の道しるべ」、「アメリカ興奮―新聞に「やったぜ」見出し躍る」といった見出しの記事（朝日新聞一二月二四日朝刊、一二月二四日夕刊、中日新聞一二月二四日夕刊）で伝えられた。

そして、朝日新聞の連載マンガ・フジ三太郎に登場し（図2）、年末の「写真で見る一九八六年（海外）」（朝日・一九八六年一二月三一日）には、着陸態勢のボイジャーとそれを迎える市民の写真が出た。また、「'86科学技術10大ニュース」（朝日新聞一九八六年一二月二九日）では飛行中のボイジャーがおおば比呂司のイラストで紹介されているが、面白いのは、この絵（図3）では二人のパイロットの乗っている向きが実物と逆になっていることである。おおばという人は飛行機の本を出しているほどの航空ファンで、ボイジャー成功を特集した『航空情報』（一九八七年三月号）にも「翼のシンフオニー」という絵と文を載せて

図２　ボイジャー・漫画に登場
（フジ三太郎／朝日新聞1986年12月27日・28日朝刊）

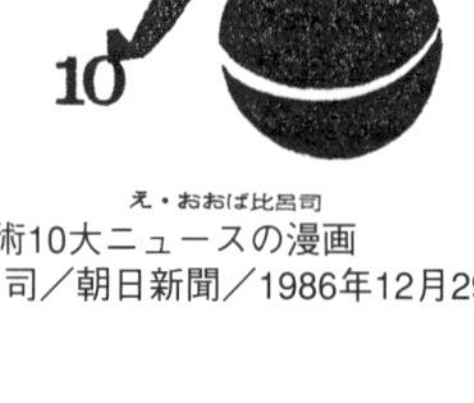

図３　1986科学技術10大ニュースの漫画
（おおば比呂司／朝日新聞／1986年12月29日朝刊）

いるのに、どうしてこんな描き方をしたのか、不思議だが、わざとユーモアで描いたのかもしれない。

当時の新聞記事は切り抜いて持っているが、それを見ると、飛行の成功前の朝日新聞には、「ボイジャー苦戦中」（一二月一八日夕刊）、「直線飛行の世界新」（一九日夕刊）、「世界一周、イブには到着」（二〇日朝刊）、「ボイジャー快挙ゴール間近」（二三日夕刊）といった見出しの小さい記事だったが、二四日朝刊には「やった、ボイジャー世界一周　市民十万人も出迎え、無事帰還」の見出しで、帰還した二人のパイロットの写真、飛行コースの図入りのやや大きい記事が出た。その中に、佐貫亦男・元東大教授の話があり、「新材料の勝利ともいえる」と述べているのは、さすがに本質をついた指摘として感心する。

一方、中日新聞は二四日朝刊の第一面に「『ボイジャー』快挙　無着陸で世界一周　九日と七分」という見出しで二人の写真入り記事を載せるとともに、一八面に「危機と苦難の連続―空の冒険史に金字塔」という見出しで、機体、コックピットの略図、コースの図入りの解説が出ている。

それが二四日夕刊になると、手を振る二人のパイロット、着陸態勢のボイジャーの写真入りの大きい記事が第一面に出ている。当時のレーガン大統領が「二人は、アメリカのパイオニア精神を最高に発揮したお手本だ」と讃えたのは、NHKで私が話したとおりなので嬉しかった。ただ、朝日新聞の写真の説明には「約一万人の観衆を前に着陸態勢に入るボイジャー」とあるので、朝刊に「市民一〇万人も出迎え」とあるのは、一桁違っていたようだが、後の報告では五万人となっている。

また、中日によると、アメリカのマスコミの対応は、出発の時には比較的地味な扱いだったのに、離陸五日目の一八日、インド洋上空で無給油・無着陸飛行距離の新記録を作ったあたりから報道が目立ち始め、二三日は朝から、ラジオ、テレビともボイジャーの動静を刻々報道し、着陸三〇分前から、CBS、NBC、ABCのアメリカ三大ネットワークテレビとも特別番組を編成し、着陸の瞬間を生中継で報じたという。それは日本にも中継され、朝日新聞二四日朝刊の記事にあるパイロット二人の写真は「二四日午前一時すぎ、テレビ朝日から」という説明があり、画面に「CNN LIVE, EdwardsAFB,Calif.」の文字が見られる。

また、朝日には、機体に関して「計算、設計・・完ぺきなシステム」という記事があり、「百人乗りの旅客機の翼長を持ちながら、重さは軽自動車なみ。」、「機体表面は厚さ一～二ミリの強い炭素繊維の「皮」で覆われている。長い主翼でもエンジンや燃料分を除いた構造重量を四二六キロに抑えることができた。」などと技術面から詳しく解説しているのは、さすがに航空については長年の伝統がある朝日らしくて良い。また、日大理工学部航空宇宙工学科の野口常夫氏の「成功は幸運でも何でもない。計算し尽くされた設計と万全の支援体制。完ぺきなシステムの勝利だ」という称賛も、その夏に、アメリカでボイジャーの機体を見て、チームのスタッフにも会った人の言葉だけに説得力がある。

その後、朝日新聞には、一二月二七日、二八日朝刊「フジ三太郎」、二九日、三一日の年末特集にボイジャーが登場したのは、前述のとおりである。

次にアメリカにおける新聞報道だが、これは友人で同好の士、柳田邦男氏が"Washington Post"を送ってくれた。なお柳田氏は、ボイジャー成功直後の『週刊文春』一月一五日号、連載「事実の素顔」に「ボイジャー世界一周飛行の成功」を書いているが、『週刊朝日』にも、「飛べ！　ボイジャー、ゴールは目前」という見出しで、「前人未到の大記録、無給油・無着陸で世界一周に挑戦」の記事が出ている。

柳田氏から送られたのはボイジャーの記事が出ているWashington Postの一二月一五日、二四日、二五日の紙面だが、内容が実に豊富で充実しており、ボイジャーの理解を深めるのに大いに役に立った。それに、二人のパイロットの記載が、日本ではディック、ジーナの順なのに、ジーナ、ディックの順が多いのはレディー・ファーストのアメリカらしくて面白い。

先ず一五日の紙面では、「主翼が切り取られた、しかしボイジャーは舞い上がった」という見出しで、離陸の際に燃料の重さで垂れ下がったボイジャーの主翼が地面に擦れて切断した様子を写真によって伝えている。また、ジーナの体調が出発直前まで心配されたこと、翼に付いた霜を除く作業（de-ice）のために出発が一時間半遅れたこと等が記録されている。

二四日には飛行成功の記事が四頁の紙面にわたって報じられており、第一面には歓迎する市民の上を飛ぶボイジャーの姿を上空から撮った写真があるが、これは年末の朝日の記事に出ている。また、二つの論説記事があり、なかでも「この飛行機は複合材料の新しい世界に勇敢に向かうことを指し示している―民間航空産業が学ぶべき技術革新」という論説では「我々は複合材料技術の将来性の正に出発点に立っている」として、ボイジャーが航空産業に新しい時代を拓いたことを強調しているが、それから二〇年経った今、この予測が正しかったことが一層強く感じられる。そして、ボイジャーに関する資料を整理してここに刊行する意義もその点にあると考えている。

二四日には一面一杯を使って、四つの地球儀をつないで飛行コースを示した図の下に、着陸時のボイジャー、二人のパイロットの写真とともに、「ボイジャーの詳細」という図による解説があるが、ボイジャーの機体の特徴をこれほど見事に図によって解説した例は新聞、航空雑誌などにも無いので、この図（図４）を見ながらボイジャーとはどんな飛行機なのかを語ることにしよう。

第Ⅱ部　ボイジャーとはどんな飛行機か

1　特殊長距離機・ボイジャー

ボイジャーによる世界一周飛行が成功した時、それを伝える新聞記事にはボイジャーについて、「双発ピストンエンジンの軽飛行機」、「特殊軽量実験機」、「新型実験機」など、さまざまな呼び方が使われていた。その後、専門的な航空雑誌では、「特殊長距離機」という呼び方が定着したようだが、なかには「軽量自作機」と呼んで、手作りの飛行機であることを強調したのは、製作過程を示していて面白い。

Washington Postの記事でも、〝実験機〟と呼んでいるが、この呼び方が示すように、ボイジャーは、無給油・無着陸世界一周という特別の目的だけのために、ディックの弟バート・ルタンによって設計、製作された機体だから、図4のように普通の飛行機とは違った格好をしている。大きさとしては、ボイジャーとジェット旅客機ボーイングB727とを較べると、翼巾は、三三・七七m、三二・九二mとほぼ同じである。

外形的な特徴は、三本の胴体と、それを結ぶ主翼と先尾翼である。細長い主翼は離陸の時には重さで下向きにたわむが、飛行に移ると上向きにたわみ、撓みの巾は図4に矢印で示したように驚くほど大きい。そのため、世界一周に離陸する時には、翼にいれた燃料の重さで下向きにたわんだ翼の先端が滑走路の地面に接触して擦れて破損し、離陸直後の飛行中にち

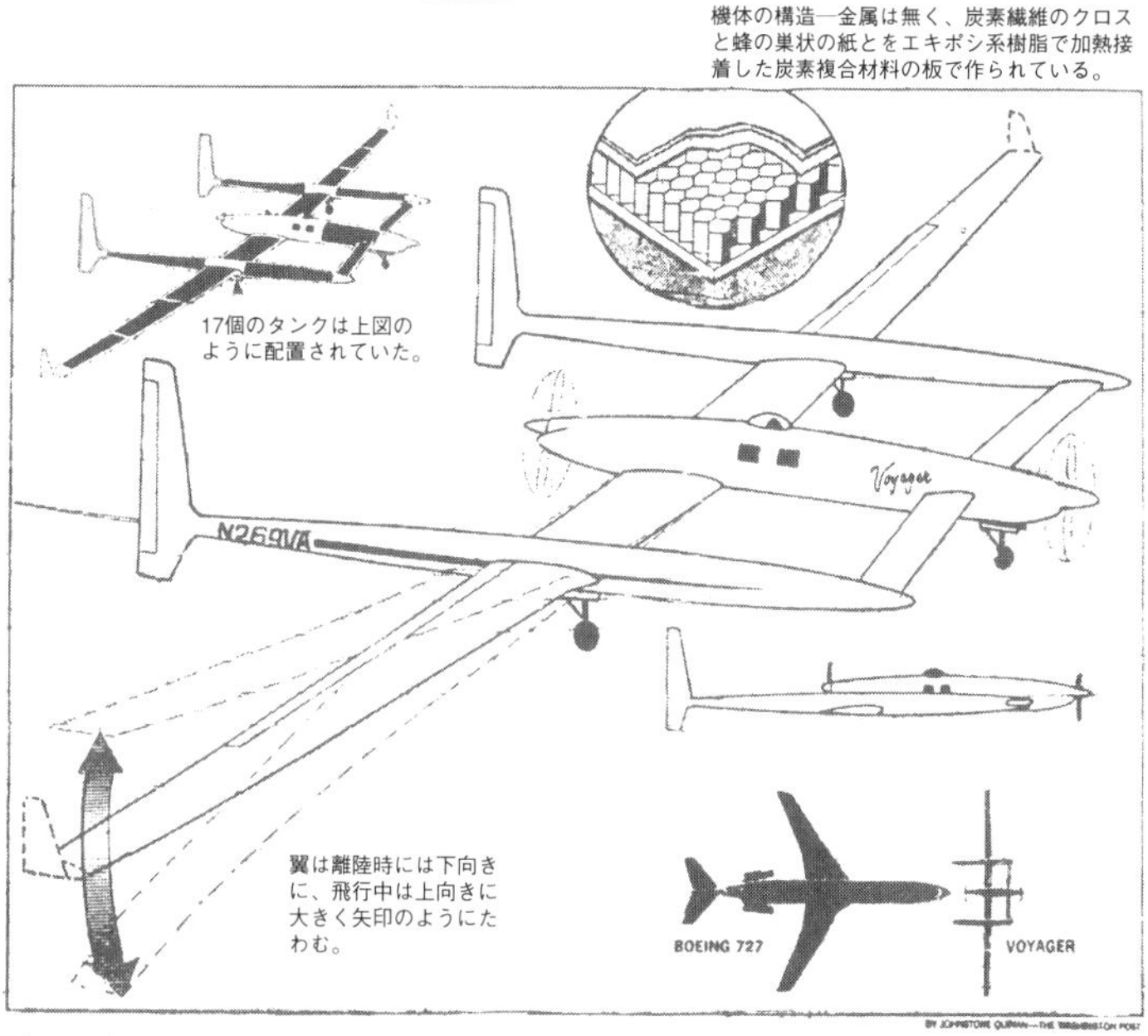

図４　ボイジャー図解（ワシントン・ポスト）

ぎれてしまった。だから、ボイジャーの写真では、翼の先端を見ると、撮影が一周の前か、後かが判る。

三本の胴体を結んでいる先尾翼はカナードを呼ばれ、設計者のバート・ルタンが好んだもので、飛行機の揚力を分担するとともに、飛行速度が思いがけなく小さくなった時に失速するのを妨げる。阿施光南著「よく判るヒコーキ学（超）入門」（山海堂、二〇〇一）には、「前についている尾翼を何と呼べばいいのか」、「カナード機は失速しないって本当？」などの項で、先尾翼の説明がある。

長距離飛行のためには、軽い機体に多量の燃料を積むことが必要だが、ボイジャーは〝空飛ぶ燃料タンク〟

と呼ばれたように一七個の燃料タンクを図4に示したような配置で翼、胴体に取り付けて、一〇〇オクタンのガソリン四五二二リットル、三一八〇キログラムを搭載していた。

また、ボイジャーの離陸時の総重量は四三九七キログラムだが、このうち燃料を除いた重量は一二一七キログラムだった。このように軽くできたのは、機体には金属を殆ど使わず、図4に断面を示したような、炭素繊維のクロスと蜂の巣状の紙とをエキポシ系樹脂で加熱接着した炭素複合材料の板で作られていたためである。

中央胴体の前後に取り付けられている二個の軽量エンジンのうち、前部エンジンは燃料節約のため、離陸、着陸、緊急事態の時にだけ駆動し、あとの時間には止めて、プロペラをフエザリング状態にして、羽根は風任せで回るようにしてあった。降着装置も、エネルギー消費を減らすために出し入れは手動で、パイロットが手元にあるクランクを手で廻して、三つの胴体に出し入れする。

このようなボイジャーを設計したのは、ディックの弟、バート・ルタンだが、この人こそボイジャー・プロジェクトの主役なので、その紹介を通じてプロジェクトの経緯を語ることができる。

先ず、ボイジャーを語る場合に明確にして置かねばならないのは、ディック・ルタンとジーナ・イエーガーが弟のバート・ルタンに依頼してボイジャーを設計してもらったのではないことである。逆に、バートが無給油・無着陸で世界一周できる機体を作れると言ったところから飛行計画が生まれた。つまり、ボイジャー計画の主役はバートだったのである。そこが、リンドバーグがライアンに特注して記録用の飛行機、スピリット・オブ・セントルイスを作ったのとは、根本的に違う点である。つまり、始めに技術があり、そこから計画が生まれた。ここもアメリカ的であるといってよい。

一般に報じられているところでは、ボイジャー計画が生まれたのは、飛行の六年ばかり前の一九八一年の二月一五日、彼らの根拠地であるモハービのレストランで三人が会食していた時とされている。

当時、バートは世界で最も型破りな飛行機の設計者として有名であり、彼の会社が売り出した設計図と部品を使って、多くの人達が自宅のガレージで飛行機を自分の手で作っていた。これが　ホームビルト機である。

『The Smithsonian Book of FLIGHT』(by W.J. Boyne,Orion Books,1987) には、次のように書かれている。

「private aviation (個人的航空) は、国家的な航空宇宙能力の源泉だが、第二次世界大戦直後の時期、private aviationの会社は、その未来を理解していない弁護士、銀行家達の手に落ちた。しかし、aviationのルーツは深く、飛行家たち自身がホームビルト機や超軽量機などに関する行動を通じて、主導権を取り戻した。今やアメリカにおけるホームビルト機の販売高は、航空機産業会社によって製造された同クラスの飛行機の販売高を超えている市場

図5　バート・ルタン設計の先尾翼機（『Rutan Aircrafts』TAB BOOKS）

規模に達している。今日、多くのホームビルト機は、性能、実用性において会社による製品より実質的に優れており、個人所有飛行機（private aircraft）産業の発展が予想される。」

このようなホームビルト機の普及に大きな貢献をしたのが、バート・ルタンである。バートによるデザインのトレードマークは、図4の〝カナード〟（先尾翼）であるといわれるように、彼が設計、販売した飛行機、Vari Eze, Long-EZ という名前の複合材料製の先尾翼式の複座飛行機（図5）を自宅で作って飛んだ人は多く、その人たちが後にボイジャーの製作に協力し、その数は延で数千人に及んだという。

一方、モハービのレストランで食事をともにしていた、彼の兄ディックはベトナム戦争で戦闘機パイロットとして活躍した後、アメリカ空軍を退役し、バートの会社のテスト・パイロットとして働いていたが、この会食の時には辞めていた。会食の席には、ジーナ・イェーガーがいたが、彼女はここ一年ばかりのディックのガール・フレンドで、製図の技術者であるとともに、女性パイロットとしても有名で、一九八二年にはLong-EZによって女性によるスピード新記録を樹立している。

こんな三人の会食の席上、ディックがアクロバット飛行のための飛行機をバートに設計・製作することを提案した。しかし、バートにしてみれば、自分の会社で製作している機体の競争相手になるような飛行機に興味はないので、別の提案で彼の気を反らせようと思った。そこで、二人のベテラン・パイロットにバートは提案した。「これまで不可能と思われている無給油・無着陸で世界一周できる飛行機を作ろうじゃないか。この飛行機で、君達は、飛行記録への挑戦として最後に残っている大記録を達成できるよ。」といって、その飛行機のスケッチ（図6）を手元の紙ナプキンに描いた。これが、ボイジャー計画の発端とされているエピソードである。

しかし、スミソニアン協会の制作による記録ビデオ、『スミソニアン・ワールド Smithsonian World "Where none has gone before』（「前人未到の世界」March 1 ,1987, VHS June,2003）のボイジャーの部によると、インタビュアーの質問に答えて、バートは「どうしたら無給油・無着陸で世界一周できるか、一〇年以上も考えた」と話しているとこ

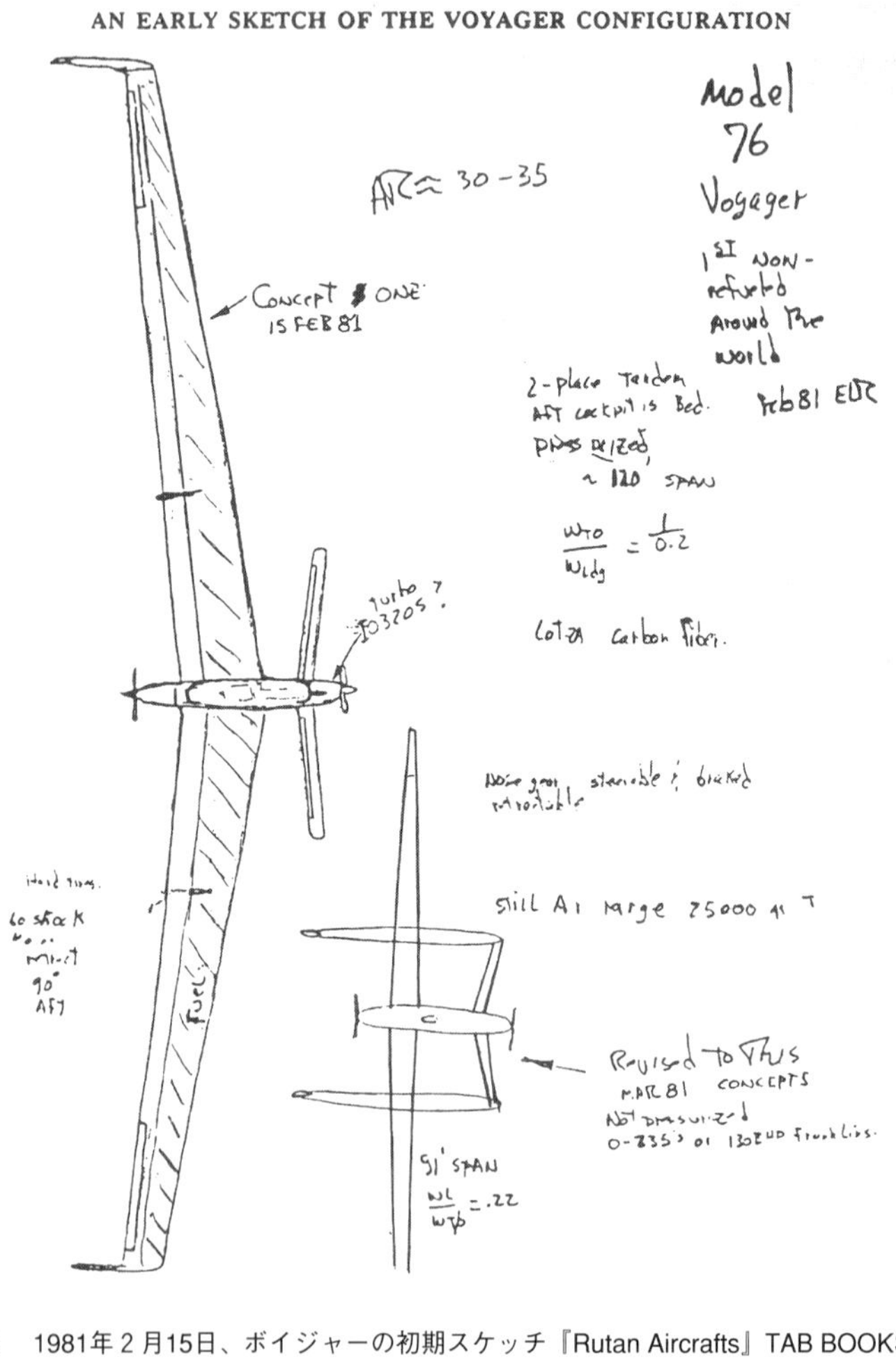

図6　1981年2月15日、ボイジャーの初期スケッチ『Rutan Aircrafts』TAB BOOKS

ろをみると、長年にわたる思考の果てにやっと構想を具体化する決心をしたのがこの時であったのだろうと思われる。

そして、この一〇年の間に、バートはカナード機の設計で天才的と言われる一方で、構造的にもＦＲＰなど炭素複合材料の使用によって機体の軽量化に画期的な成功を収めており、それらがすべてボイジャーに結集されているのだから、紙ナプキンにスケッチを描いたのは、発端というより、むしろ実行できるという自信を得たからだといってよい、というのが私の個人的見解である。

さて、ナプキンに描かれたスケッチ（図６）の左側の、一九八一年二月一五日と日付のある最初のスケッチは〝空飛ぶ翼〟、一九四〇年代に一時作られた「Flying wing.All wing airplane」と呼ばれたノースロップＸＢ－３５やノースロップＢ－２のように、長大な翼に短い胴体と先尾翼が付いた機体で、これが最初の着想、「コンセプト・ワン」である。ところが、このデザインでは膨大な量の燃料を搭載するのは不可能であることがすぐ判ったので、右下の一九八一年三月と日付のあるスケッチのように、燃料タンクを収容できる双胴型の機体に変更され、これがボイジャー（図７）になったのである。

ところで、ボイジャーの機体について考える時に参考になる基本的な資料として、『Voyager Official Log』（1988）と『Rutan Aircraft』（1987）の二冊がある。

前者は詳しく書くと、『Voyager The World Flight The Official Log, Flight Analysis

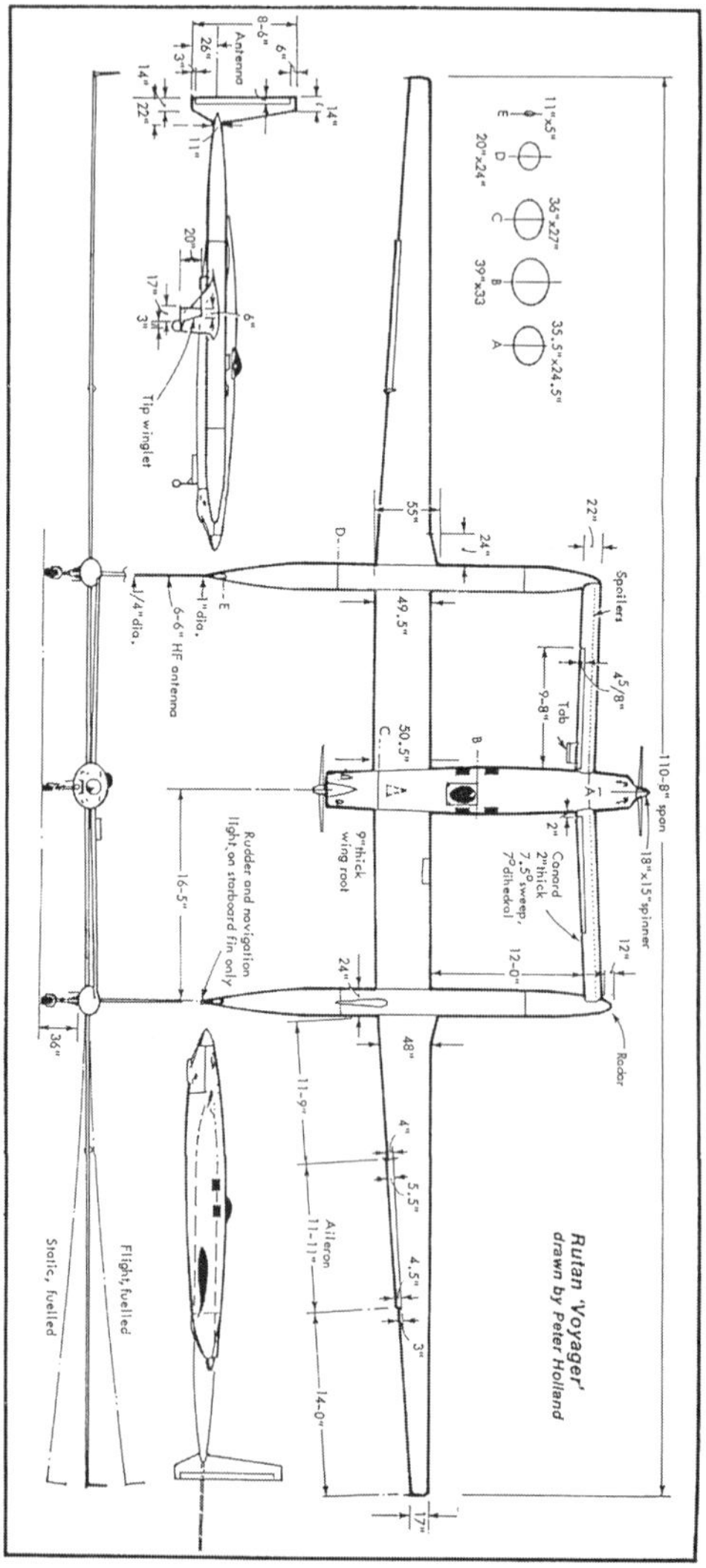
Rutan 'Voyager'
drawn by Peter Holland
110-8" span
18"x15" spinner
Spoilers
Tab
Canard
2" thick
7.5° sweep,
7° dihedral
Radar
9" thick
wing root
Rudder and navigation
light, on starboard fin only
6-6" HF antenna
1/4" dia.
Aileron
Tip winglet
Antenna
Flight, fuelled
Static, fuelled

図７　ボイジャー三面図

and Narrative Explanation』（ボイジャー・・世界一周飛行・公式記録・飛行の分析と叙述的説明）であり、著者はJack Norrisで、Voyager Mission Control（ボイジャー・ミッションコントロール・・実施本部）のTechnical Director（技術グループ指揮者）を務めた人である。表紙（図8）には、私がジーナに会った時にしてもらったお得意の「Todays Dream Are Tomorows Realities Jeana Yeager 1-14-89」というサインがある。

次に、後者は、詳しく書くと、『The Complete Guide to RUTAN AIRCRAFT』（ルタン航空機の完全な説明書）の第三版（一九八七）であり、第一版は一九八一年、第二版は一九八四年だが、一九八七年の第三版には、表紙にわざわざ「Including VOYAGER'S trip around the world !」（ボイジャーによる世界一周を含む）と書き、ボイジャーの写真を大きく載せているほどで、ボイジャーの成功によって二三〇～二六二頁分、約一四％の増補をしている。著者はDon & Julia Downieである。

後者には多くの写真があるのに較べると、前者には一枚の写真もないが、くわしい飛行経路の図やPost Flight Sketch（飛行後のスケッチ）というサインのある機体のスケッチが出ており、スケッチには右側の垂直尾翼にだけ方向舵がついていて、左側のよりやや大きいことが示されており、機体の特徴がよく記録されている。

さて、Official Logには、Mission Impossible（不可能な任務）という題の章で、「無給油で二倍の距離を飛ぶ難しさは二倍以上である」として、実行不可能さえいわれた世界一周飛

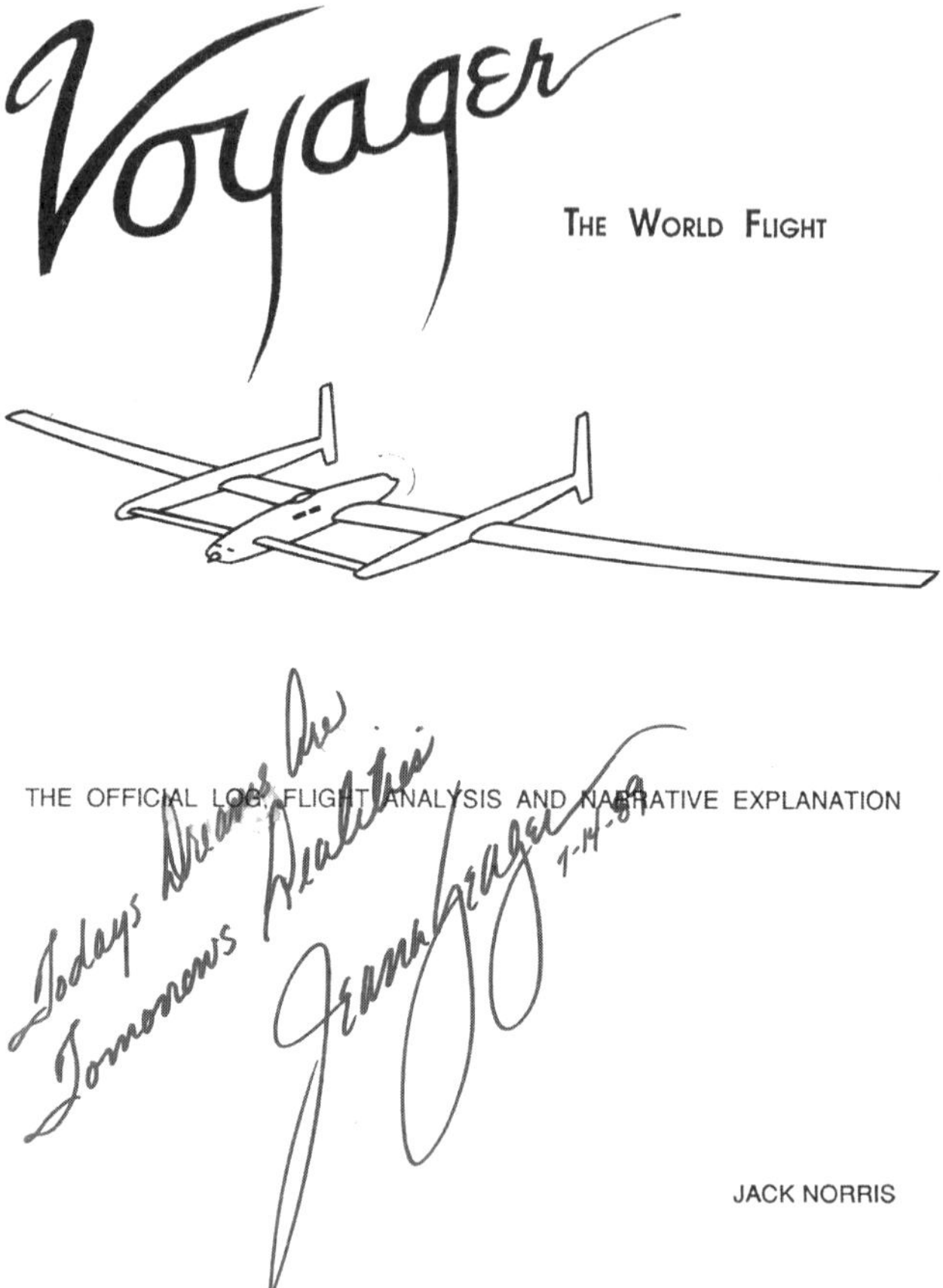
Voyager

THE WORLD FLIGHT

THE OFFICIAL LOG, FLIGHT ANALYSIS AND NARRATIVE EXPLANATION

JACK NORRIS

図8　ボイジャー公式報告書

行を可能にした科学技術的根拠が語られている。

飛行機は地球を半周する航続距離を持っていれば、地上の一地点から地球上のすべての地点に到達できる。この地球半周の二万一六八キロメートルの長距離飛行の世界記録を作ったのは、一九六二年一月一〇日〜一一日、沖縄の嘉手納基地からスペインのマドリッドまで飛行したボーイングB52H爆撃機であった。コースは東周りであり、ボイジャーと逆だが、これはこの飛行コースの緯度では偏西風が強いので、追い風を利用したためである。

B52爆撃機は八基のジェットエンジンを装備し、全備重量二二〇トンでボイジャーの四・四〇トンに比して五〇倍の重さで、爆弾の搭載量一〇トンという当時世界最大の爆撃機であり、アメリカ航空機産業のトップの製品と言えた。その機体に離陸収容能力最大の燃料を積み込んで、地球半周の飛行に成功した訳だから、その二倍の世界一周の飛行を可能にする燃料は到底積むことは出来ない。もし機体を改造して二倍の燃料を積めたとしても、そのために機体が重くなるので、飛行中の揚力も抵力も二倍以上となって、飛行に必要な燃料が更に大きくなり、とても二倍の距離を飛行できないのである。

そこで、ボイジャーが世界一周というB52の二倍の距離を飛ぶためには、画期的な技術開発が必要であった。

2　長距離機の系譜

長距離飛行を可能にする要点は次の四つであるといわれる。

第一の要点は、「機体の軽量化」である。全備重量に対する機体重量の比率を小さくする、すなわち軽い機体に出来るだけ多くの燃料を積んで飛ぶのである。機体の重さは材料に依存しているが、ボイジャーの場合、第Ⅱ部の1で述べたように炭素複合材料の使用によって軽量化の面で新領域を拓いたといわれた。

第二の要点は、「流体力学的に優れた機体の設計」である。抵抗が小さく、揚力が大きい翼、胴体を作り出す、この点から細長い翼を持つボイジャーの美しい形が生まれた。

第三の要点は、「効果的な推進方式」である。長時間にわたる連続運転に耐えるエンジン、効率的なプロペラの使用であり、ボイジャーの場合は串型エンジンの配置が特徴である。

第四の要点は、「飛行時の気象条件」である。長距離飛行では地域も時間も広い範囲にわたるので、遭遇する多様な気象現象に耐える必要があるが、ボイジャーの場合にはこの条件は大変厳しかった。

このような要点から見て、歴史的な長距離飛行記録を樹立した機体はどのような特徴を持っていたかを次のように考えてみたが、それには『航空朝日』の「特輯・長距離飛行」（一九四一年（昭和一六年）五月号）が大変　参考になった。特に木村秀政「設計上から見た、長距離飛行機の発達」は示唆に富んでいるので、以下のように引用させていただいた。

①ブレリオXI型

一九〇九年七月二五日、ブレリオがドーバー海峡横断飛行に成功した機体で、木村氏は〝世界最初の長距離機〟として、次のように述べている。

「航空史上未曾有の大飛行として世人の賞讃と関心を集めた。これは、英仏海峡の地理的重要性にも因るのであるが、当時の飛行機の最大欠点であった信頼性の脆弱さを克服し、長い海上飛行に耐えた点にあるのだと思う。

長距離を飛ぶには、多量の燃料を積むことよりも、先ず故障を起こさぬこと、信頼性を高めることが急務であった。この長距離飛行第一課に及第して見事な成績を挙げた理由で、筆者（木村）はブレリオ機を、世界最初の長距離機に推すのである。」

この飛行については、『航空情報』二〇〇九年八月号・九月号にドーバー海峡横断飛行一〇〇周年記念バイオグラフィー「ブレリオはなぜドーバー海峡横断飛行に挑んだのか」の連載が出ているが、それによると、木村氏のいう信頼性とは〝絶対に一時間は壊れないエンジンを作ること」（前編）であり、第二の要点・推進方式に関連している。

図10　パリ・サロンに展示されたブレリオ11
（『Great Aircraft and their Pilots』New York Graphic Society）

ドーバー海峡横断 100周年飛行

1909年にフランス人の飛行家ルイ・ブレリオが単葉機「ブレリオ11」で初めて英仏間のドーバー海峡横断飛行に成功した日から100周年に当たる25日、フランス人パイロットのエドモン・サリさん(39)が、34年製の同型機＝写真、AFP時事＝で海峡横断に成功した。AP通信などが伝えた。

強い風が吹く中、サリさんが同型機に乗り込み、数百人の観客に見守られながら仏北部カレー近郊のブレリオ海岸を離陸。約40分で英南東部ドーバーに到着した。サリさんは「古い型の機体で冒険ではあったが、素晴らしい飛行だった」と振り返った。

図９　ブレリオ11、100周年飛行
（朝日新聞／2009年７月27日朝刊）

一方、連載の後編によると、ブレリオの飛行は、必ず気象状態の安定している早朝に実施しており、第四の要点である気象条件についてブレリオは賢明に対処している。

七月二五日、飛行当日も午前二時半に起床し、競争相手のラタムが寝ている間に滑走地点に向かい、嵐が去った夜明け前のドーバー海峡が穏やかであることを確かめ、日の出を待って午前四時四一分に離陸して横断飛行に成功した。一方、ラタムがブレリオの離陸を聞いて慌てて離陸しようとした時には、海峡から強い風が吹き始め、離陸を断念しなくてはならなかった。やはり気象条件は大事な要点なのである。

なお、二〇〇九年七月二五日には、一〇〇周年を記念して、一九三四年製の同型機によるドーバー海峡横断飛行が行われた（図9／朝日新聞二〇〇九年七月二七日朝刊）。

それから、参考文献として紹介しておくと、Roy Cross『Great Aircraft and their Pilots』(New York Graphic Society,1971) に素晴らしい三面図と海峡横断後にドーバー城付近に強行着陸した直後の機体の様子やパリ・サロンに展示されている機体など、貴重な写真が収録されている（図10）。

②ライアンNYP型 〝スピリット・オブ・セントルイス〟

ボイジャーに関する毎日新聞（一九八六年九月二七日朝刊）の解説記事の見出しは、「米人が無給油無着陸世界一周飛行へ―成功ならリンドバーグ級」であったが、このような記事に名前が登場する〝リンドバーグ〟は、よく知られているように、一九二七年五月二一日、ニューヨークからパリまでの飛行に始めて成功した人である。

大西洋横断の初飛行は一九一九年六月一四日、アルコック、ブラウンの二人によるニューファウンドランドからアイルランドまでビッカース・ビミーによる飛行によって成功したが、リンドバーグの飛行がアメリカとヨーロッパという新旧の大陸を始めて結び、しかもたった一人の単独飛行であったために、長距離飛行というと、この人の名前が出てくるようになったのである。その上、「翼よ、あれがパリの灯だ」という有名な言葉を題にした本は広く読まれ、映画になって多くの人々に親しまれている。

ところで、ここで強調しておきたいのは、アルコック達と違って、リンドバーグの乗機スピリット・オブ・セントルイスは、この飛行のために特別に設計、製作された機体であったことである。そして、この伝統がボイジャー計画に引き継がれてゆく。

この機体を実際に見たことのある木村氏は次のように述べている(『航空朝日』前出)。

「由来、米国では、彗星的に出現した新会社が素晴らしい傑作を生んで世人を驚かすことが少なくないが、本機もその一つ。殊にこのような新会社は伝統に拘束されることなく思い切った独創的な設計を見せる例である。本機も仔細に観察すると、多数の特長が見出されるが、特に、写真で見る如く前方が完全に塞っていて視界が全くない点は、他に類がない。本機は、大毎(大阪毎日新聞社)で購入したので筆者(木村)も見ることが出来たが、操縦席に乗ると前方が全く見えず、離着陸の場合などには極めて原始的な屈折鏡を操縦席の横に出して僅かに前を見るようになっている。」

このようにスピリット・オブ・セントルイスの操縦席には、前方を見る窓がなく、「前方

図11　スピリット・オブ・セントルイスの前方を見る装置（矢印のように出入する）

視界ゼロの飛行機」とさえ言われた。燃料を出来るだけ多く積み込むために、エンジンに密着して大きなタンクが置かれ、そのすぐ後ろにある操縦席の前方視界を完全に遮っており、パイロットは操縦席に座って、図11のように、潜水艦の潜望鏡を横にしたような装置を胴体から横に垂直に突き出し、二枚の平行な鏡を通して前方を見ていた。

直接、前を見ないで飛行機を操縦するなんて、随分危険なようだが、リンドバーグ自身が「普通の飛行中は前を見る必要がなかった。」と言っているように、前方を見なければならないのは、たった二回、離陸と着陸の時だけで、あとの飛行中は胴体の横にある窓から周囲の状況を判断すれば十分なので、こんな設計が許されたのだろう。

胴体の空気抵抗を減らすための設計であ

り、第二の要点が重視された好例である。このように飛行の目的に応じてぎりぎりの機体を作る、この点でもボイジャーは伝統を引き継ぎ、操縦席が狭くて不便だったことは、後の項で紹介するとおりである。

③ベランカCH・400型スカイロケット〝ミス・ビードル〟

一九三一年一〇月四日、パングボーンとハーンドンが 青森県三沢市の淋代（さびしろ）海岸を離陸して、四一時間一二分の飛行でアメリカ・ワシントン州ウェナッチに着陸、史上初の太平洋横断飛行に成功したアメリカ製の機体である。

佐貫亦男『飛行機のスタイリング』（グリーンアロー出版社、一九九六）の「太平洋横断飛行の風格」によると、この機体は、一九二七年にニューヨークからベルリン近くまで飛んで、リンドバーグの記録を破ったミス・コロンビア号の改良機だが、前部胴体の下部に燃料補助タンクを取り付けたため、蛇が蛙を呑みこんだように異様なふくらみがあるのが、形態的特徴である（図12）。

しかし、空前絶後といわれる特徴は着陸装置である。脚柱を切って短い鋼管をはめてつなぎ、離陸後に結合ピンを索で引き抜いて脚を投下し、アメリカ西岸に到達後、ウェナッチのファンチャー飛行場に胴体着陸を決行したことである。脚の空気抵抗は 全機の抗力の六分の一にあたるといわれただけに、これを放棄したことは、抵抗の減少と機体の軽量化の効果

図12　太平洋横断飛行に成功した“ミス・ビードル号”

によって、航続距離を大きく延ばしたと考えられる。上述の第一の要点「機体の軽量化」と第二の要点「流体力学的に優れた機体の設計」の両方を一挙に解決した方法であった。

また、佐貫氏は成功の鍵として、脚とともに、時間とともに高度を上げて行った航法を挙げている。確かに、当時はまだ太平洋上の気象状態はよく判っていなかっただろうが、高度を上げることによって冬の季節風である上層の西風を捉え、追い風として利用したのなら、第四の要点である気象条件を活かしたことになる。

ところで、佐貫氏は、「海洋横断の大飛行はこれで終末に達した。ベランカとはイタリア語でベラ（美しい）とアンカ（尻）から〝美しい尻〟の意味になる。そのとおり、見事な終局大飛行となったけれども、欧米ではちっとも騒がれなかった。それはリンドバーグの大西洋飛行とまるでちがっていた。私はそのころ、やっぱり太平洋は裏庭に過ぎなかったと嘆息した。」と述べているが、当時、東京大学工学部航空学科を卒業したばかりの同氏の口惜しい気持が判るような気がする。

このような扱いは、時代を経ても欧米では変わりなく、憤りさえ感じる。例えば、私の蔵書の中で九八四頁に達する航空史の大著『Chronicle of Aviation』（Chronicle Communications Ltd,1992／航空年代記）では、一九三一年の項に飛行記録が記載されているだけで、Aircraft of 1931（一九三一年の航空機）として三一機が写真で紹介されているのに、ベランカの写真もないのである。

また、『Milestones of Aviation』（National Air and Space Museum, Crescent Books,1991／航空の記念碑）にしても、飛行記録の記載だけでベランカの写真もない。ただ「fuel-bloated Bellanca」（燃料に膨れ上がったベランカ）という表現は面白い。

このような欧米の扱いに較べて、日本では、ミス・ビードル号を大事にしている所がある。余り知られていないが、離陸の地・淋代海岸のある三沢市である。次の章で述べるように航研機の復元機体のある青森県立三沢航空科学館にミス・ビードル号の実物大モデルが展示されている。そのため、三沢駅でも駅前にミス・ビードル号の模型を飾った上、その写真をいれた綺麗な用紙を改札口に置いて、「ビードル君」という機体のマンガを「ようこそ　大空のまち　三沢へ」という文字が丸く囲んでいるスタンプを押せるようになってい

図13　三沢航空科学館の“ミス・ビードル号”展示

るほどの熱の入れようである。このような事情は太平洋と日本の関係の深さを考えると、国内だけでなく、世界的にももっと知って欲しいことである。

三沢航空科学館は、二〇〇三年八月八日の開館で、航空博物館としての「航空ゾーン」と体験型科学館としての「科学ゾーン」に分かれており、特にミス・ビードル号は四角く仕切られた展示室の中央に置かれ、まわりの壁面には写真、絵によって太平洋横断飛行が解説されている。なかでも、前述の脚の投下作業を絵と映像で再現しているのは興味深い。

ところで、私も本稿取材のために二〇〇九年八月二八日に訪問して、初めて知ったのだが、ミス・ビードル号による世界最初の太平洋横断飛行には日本が大きな役割を果たしていたことである。

世界一周飛行のスピード記録を目指して一九三一年七月二八日にミス・ビードル号でニューヨークを飛び立ったパングボーンとハーンドンの二人は大西洋を横断し、ロシア北部を飛行したが、ハバロフスク着陸の際にぬかるんだ滑走路で着陸装置が破損してしまった。そこでその修理に手間取り、スピード記録の樹立は不可能となった。

途方に暮れている二人の所にニューヨークの本部から、朝日新聞社が太平洋横断の最初の成功者に一〇万円（二万五〇〇〇ドル）の賞金を出すという連絡が入り、横断飛行を決意したというのである。この朝日の計画を載せた一九三一年（昭和六年）四月二〇日の記事は、ミス・ビードル号を囲む壁面に大きく展示されているが、航空史に残る日本の貢献として広く知って欲しい事実である。

このような二人の飛行の経過は、「航空科学館ブックレット」ＶＯＬ．３、「勇者の心、勇者の翼‐世界初の太平洋無着陸横断飛行の物語」（作：グロリア・パイパー＝ロバートソン、絵：パトリック・マラディ）に詳しく書かれており、特に　この本には、着陸地のウェナッチにあるWenatchee Valley Museum& Cultural Centerが刊行した原著『Winning Hearts…Winning Wings』（2003）も収録されているので、一層貴重な文献となっている。

なお、ミス・ビードル号が離陸した淋代海岸には、機体のモデルと展望台が設置されており、長い海岸線と太平洋の大海原を見はるかすことが出来るが、海岸の砂浜は一九二〇年（昭和三六）五月二四日に襲ったチリ津波によってすっかり変貌したとのことである。

④川西Ｋ‐１２型”桜号“

こうして太平洋横断は、ミス・ビードル号の飛行によって幕を閉じたが、ここで長距離機の系譜として記録して置かねばならないのは、日米を結ぶ太平洋横断飛行に最初に挑戦した中に日本の機体があったことである。年代的には逆になるが、ベランカ・スカイロケットの前に製作されていた川西Ｋ‐１２型・桜号（図14）である

しかし、木村秀政氏が、「日本の航空史上でも、もっとも後味の悪い事件であった。」と書いているように（『飛行機の本』新潮社ポケット・ライブラリ、一九六二）、その経緯は

暗いものであった。第Ⅰ部1に、「日本人は、誰もやらなかったことにおじけづくが、逆にアメリカ人は誰もやらなかったという、そのことだけで奮い立つ。」と書いたが、その例の一つと言ってよい。

日本でも太平洋横断という夢を目指して設計、製作された川西K‐12に対して、監督官庁である航空局が、ちょうどその頃、一九二七年六月一日に施行されたばかりの航空法施行規則を楯にとって、堪航証明（運航に堪え得るという証明）を与えず、計画は挫折に終わったという事件である。

この機体については、佐貫亦男『飛行機のスタイリング』の「太平洋横断飛行の風格」には、次のように書かれている。「川西K‐12桜号は帝国飛行協会の計画に応じた機体で、設計者関口英二が全力を注いだ力作である。まだ、欧米におよばぬ航空技術でも、設計だけは負けないぞとの心意気がにじみ出ていた。高翼単葉として斜め支柱を張り、左右車輪を離して配置したから、斜め前から眺めると風格があった。いろいろな不運が重なって計画参加は中止になったけれども、一度大飛行に離陸させたい機体と思った。」

一方、木村秀政氏は、ご自身が設計に参加していただけに一層深く心に残り、『飛行機の本』に次のように書いている。

「太平洋横断計画が進められていたとき、私は航空研究所の研究生で、川西の嘱託として、関口氏の計算の手伝いをしていた。これが、私として、ほんものの飛行機に関係した最

図14　川西K-12“桜号”（下の写真は、犬山城上空）

初の仕事である。しかし、ほんの手伝いに過ぎなかったので、度々開かれた委員会には出席できず、その席上で、東大、陸海軍などの委員が、技術的な立場でどんな発言をしたかを聞いていない。ただ、今日の技術的な常識で判断すると、太平洋横断のような新記録に挑もうとする飛行機を、実用的な輸送機の基準で検査するなどということは、どう考えても不合理である。どうしてこういう無理が通って道理がひっこんだのであろうか。日本の航空史上でも、もっとも後味の悪い事件であった。」

ここに述べられているように、K - 12を「実用的な基準で検査する」という無理を通したのは航空局であり、その経緯は機体を設計、製作した川西機械製作所飛行機部の後身である新明和工業株式会社の創立二五周年記念として同社が刊行した「社史」1（一九五九）の「4　太平洋横断初飛行に挑む」に詳しく述べられている。

それによると、「〝次の太平洋横断は日本人の手で〟という声が、期せずしてあちこちで沸き起こった。帝国飛行協会ではリンドバーグの成功が伝えられてから一週間とたたない五月二七日、東京九段の偕行社に波多野保二逓信省航空局長、山本英輔海軍航空本部長、田中館愛橘博士、田丸卓郎博士などの出席を得て航空懇談会を開いたが、阪谷芳郎協会長の提議によって、出席者の間で太平洋横断計画が熱心に論議された。」、そして六月二三日に第二回の懇談会が開かれ、飛行協会は太平洋横断飛行調査委員会を設けて、横断飛行を計画することになったが、その直後の六月三〇日に、川西清兵衛、龍三父子が飛行協会の阪谷会長を訪ね、川西が使用機も乗員も引き受ける用意のあることを表明した。その後は、「社史」に「太平洋横断飛行の計画」、「川西の決意表明」、「川西の独走で実施計画進む」、「後藤勇吉の殉職」、「堪航証明ついに下りず」という見出しの各章に語られているような経緯を重ねている間に、「横断飛行計画は、既に予定されていた最良の飛行時期である八月下旬を逸してしまっていた。飛行協会も航空局との話合いに失敗して計画を進めることができず、幹部が責任を取って総辞職するという事態に発展し、太平洋横断飛行の実施を断念してしまった。こうして、国民の期待を担い、川西が社運を賭けた壮挙は、ついに飛行へのスタート・ラインに就くことなく中止されてしまった。」

なお、「後藤勇吉の殉職」の章で語られている後藤勇吉は一〇〇〇時間を超える飛行経験を持ち、一等航空士の資格も得ている当時一流の飛行士で、桜号のパイロットとして期待されていた。しかし、川西K－12型一号機の完成直前の一九二八年二月二九日に、濃霧による墜落事故で殉職し、かけがえのない名操縦士を失ったことは太平洋横断計画の前途に暗い影を落とした。

この後藤については、生誕一〇〇年記念に吉田和夫『鳥人、後藤勇吉』（朝日ソノラマ、一九九六）が出版されており、一九二七年一二月二五日、慶応クラブで行った「太平洋横断飛行について」という講演の記録が記載されているが、「操縦席の防寒装置」、「アース・インダクター・コンパス」、「飛行機各部の説明」といった話題で、K－12について語っている。なかでも面白いのは「飛行中大小便はどうする」で、この問題については、ボイジャー、航研機の場合を後に第Ⅱ部8「中央胴体」の章で詳しく紹介するが、後藤は「(大便は)健康体においては二日や三日はしないでよかろうと思う。もっとも(五〇時間の横断飛行を)やる時には、医師にお願いして大便の出ないような薬を貰おうかと思っております。小便は平気でやる。管を以てやるのですが、非常にいい気持であります。」と述べている。

また、平木国夫『暁の空にはばたく - いのちを賭けたヒコーキ野郎たち』(読売新聞社、一九七〇)は、桜号の絵をカバー(図15)にするほどの熱の入れようで、「風雨なんぞわれ飛ばん」の章で川西の機体を紹介し、特に「14 川西K - 12型」では太平洋横断計画の経緯について、多くの個人名を挙げて詳しく書いている。序文として、朝日新聞の航空記者として知られ、『航空朝日』の編集長であった斎藤寅郎氏が「よく調べられたものだと敬服するばかりである。大切な記録となるであろう。」という言葉を寄せているので、実証的な記録として参考になる文献に挙げておく。

一方、鴨下示佳『飛行機No.1図鑑』(グランプリ出版、二〇〇一)には、操縦席の後方に五〇〇〇リットルの大容量燃料タンクを設置し、長距離飛行に備えていたことが、詳しい図によって示されている。

ところで、桜号の機体はその後どうなったか、新明和「社史」によると、
「桜号は、特殊な記録機であったため他への転用もできず、長い間、兵庫県・鳴尾の工場の

図15　“桜号”の単行本表紙絵
（平木国夫『暁の空にはばたく』／1970年／読売新聞社刊）

片隅に放置されて、後世の技術者に先輩の辛苦の跡を偲ばせていたが、太平洋戦争末期の空襲で焼失し、これもまた永遠に葬り去られてしまった。」と記されている。

こうして桜号が作られた一九二八年の頃、大正の末から昭和の始めにかけて、三菱、川崎、石川島、中島、川西、愛知などの各社が、陸軍や海軍のために、各種の軍用機の試作を始め、木村秀政の言う〝日本人ばなれの国産機〟が登場するようになり、一九三五年（昭和一〇年）には、わが国で初めて世界記録を樹立した航空研究所試作長距離機（航研機）の計画が立てられるようになる。

そこで、章を改めて、航研機について語ることとする。

3　航研機からA－26長距離機へ

一九三八年五月一三日、航研機は木更津・銚子・太田・平塚の四角コースを六二時間二三分で二九周して一万一六五一キロメートルの周回航続距離世界記録を樹立したが、日本の飛行機による世界記録は後にも先にもこれしかないという記録である。

国際航空連盟（ＦＡＩ）が公認する世界記録は速度、高度、周回距離、直線距離の四種目である。航研機の記録は、その一つの周回距離であり、それまでの記録は一九三二年にフランスのデュペルドサン機が作った一万六〇一キロメートルであったが、航研機は一九三八年にこれを破る新記録を立てた。ただ翌一九三九年八月一日にイタリアのサボイア・マルケッティＳＭ７５機によって破られたものの、日本ではこの航研機の記録が貴重な世界記録であるだけに、そこには、ボイジャーの場合と同じような〝ひと・夢・デザイン〟の物語がある。

なお、航研機は略称で、「航空研究所長距離機」を略した名称であり、ＦＡＩの世界記録の証書には、「monoplane Koken Long Range」と書かれているという。

航研機については、別冊航空情報『ライト兄弟初飛行９０周年記念「新名機１００－未来機への系譜」に、「唯一の世界記録を樹立した真紅の翼」として関係者の一人、木村秀政氏

図16　航研機と操縦席
（世界の翼シリーズ、写真集「日本の航空史（上）」／1939年／朝日新聞社刊）。

による解説がある外、多くの飛行機図鑑に掲載されているし、関係者の一人、富塚清氏による記録、富塚清『航研機─世界記録樹立への軌跡』（三樹書房、一九九六）が刊行されている。

東京帝国大学航空研究所が設立されたのは一九一八年だが、世界記録に挑むという〝夢〟の航研機計画が始まったのは一九三三年のことで、木村秀政『飛行機の本─世界記録に挑んだ半生』（新潮社ポケット・ライブラリ、一九六二）には、次のように書かれている。

「特に航研機の場合、ここに至るまでの道は本当に長くけわしかった。航空研究所の飛行機部が中心になって、世界記録に挑戦する長距離機の基礎計画をはじめたのは、昭和八年（一九三三）のことであった。それまで、航空研究所では、飛行機の性能、構造、強度からエンジン、プロペラ、計器、燃料、材料にいたるまで、いろいろな部分で基礎的な研究を続けてきた。その研究成果を総合して、一つの目標を追求すれば、飛行機の性能の限界を極めることができるにちがいない。たとえば長距離記録専門をねらう飛行機は、他の条件を一切無視して、ただただ航続距離を増大することだけに努力を集中すればよい。今まで多くの所員たちが、別々の分野で、いろいろなテーマで取り組んできた課題の成果を、こういう形で集結してみるのは意義のあることではないか。」

こうして、設計の実際面では素人ともいえる研究者が集まって、設計チームを作り、世界記録を狙おうとする〝夢〟のような企画には、軍や民間の航空関係者からはげしい非難や侮蔑が集中した。しかし、逆に実地の経験に乏しいために、経験というものに縛られないので、大胆な設計が出来たともいえ、そこから航研機の独創的な〝デザイン〟が生まれたのである。

航空研究所の様子を示す写真が富塚清『航研機』に出ているが、当時の雰囲気を実感させてくれるのは、『航空朝日』一九四一年三月号に出ている「航空を科学する—航空研究所訪問」である。「航空日本の建設は航研から」という気持で研究を続けている様子が報告されている。

この航研で、航研機の設計、製作に参加した〝ひと〟の氏名は富塚清『航研機』に詳しく記録されているが、もう一人、重要な役割を果たした〝ひと〟は、テスト・パイロットの藤田勇蔵少佐である。上記の「新名機１００」の木村氏の解説によると、「試作機はテスト・パイロットに育てられるものといわれるが、航研機にも藤田雄蔵少佐の実用性を重視する方針が徹底して採用された。例えば、無線機は、重量を食う割に故障が多く、役に立たぬというので積まないことにした。」第Ⅱ部の2で長距離飛行の第一の要点に挙げたような機体の軽量化への努力であり、そのために、主翼は羽布を張り、主翼単位面積当たりの重量を小さくした。

一方、第二の要点である機体の設計としては、「空気抵抗を減らすため、操縦者は離着陸の時だけオープンコックピットから顔を出し、水平飛行中は座席を下げ、胴体内にスッポリ入ってガラスのフタを閉める。したがって、水平飛行中はまったく前方が見えないという、今日から見れば無謀といえる設計だったが、こんなことができたのも、藤田少佐のこの計画に対する理解と協力のお陰であった。当時のパイロット精神からは想像もできない寛大さであったともいえよう。」

このように航研機は　図11で説明したリンドバーグのスピリット・オブ・セントルイスと同じような〝前方視界ゼロ〟のデザインだったのだが、航研機の場合にパイロットはどのようにして前方を見たのか、鴨下示佳『飛行機No.1図鑑』（前出、五四頁）に図によって説明されている。それによると、パイロットが前方を見る時は、前の起倒式風防を立ててからスライド式風防を開いて図16のように顔を出して前方確認をしたという。なお、この「図鑑」には、ボイジャーも図示されており、胴体中央部の図によって水滴型風防、側面窓の配置がよく判る。

また、抵抗を減らすために航研機に採用されたデザインは引込脚である。日本で脚を完全に翼内に引っ込める単発機としては、初飛行の点では、航研機より四ケ月早く飛行した海軍の97式艦上攻撃機（中島飛行機製作）が最初だが、設計開始の時点では航研機が一番早かったと、木村氏は誇っている。ただし、脚を引っ込める方法は、当時実用化していた油圧式にするのが航研の技術では難しく、ロープで捲き上げる手動式となった。この点でも、ボイジャーと共通していて面白い。

このような様々な設計と技術の結集として生まれた航研機は、図16のように美しく、素晴らしいデザインの機体だったが、その末路は悲しいものであった。第二次大戦中は羽田の格納庫に放置され、戦後はアメリカ軍によって他の機体と共にブルドーザーによって破壊され、羽田の地下に埋められたという。しかし、幸いにも、その機体を実物そのままの姿で見ることが出来るのは、やはり航研機をめぐる〝ひと〟のお陰である

二〇〇三年に開館した青森県立三沢航空科学館に展示されている航研機の復元機体であり、その経緯については二〇〇八年一〇月二六日の青森県立美術館における大柳繁造館長の講演「〈航研機〉復元ものがたり」によると、航研機の設計、製作、飛行には、青森県出身の人が深く関わっていた。航研の木村秀政、機体を製作した東京瓦斯電気工業の工場長であった工藤富治、テストパイロットの藤田雄蔵の諸氏がすべて青森県の出身だったのである。そこで、青森県が日本科学技術振興財団に復元を委託、福岡市の前田技研が、設計図が残っていないため、写真などを見ながらの作業によって製作した。

この航研機の実物大モデルが展示されている航空科学館には、前述のように三沢市内の淋代海岸を離陸し、世界最初の太平洋横断飛行に成功したベランカ機・ミス・ビードル号の実物大モデルも展示されている。

ところで、上記のように、航研機には青森県ゆかりの人が多いが、その範囲が広がって青森県出身の作家、今　日出海氏が藤田雄蔵氏の思い出を語っていることである。『航空朝

日』一九四一年五月号の今　日出海「雄ちゃんと飛行機」であり、本稿のために調べていて初めて気付いた。二人は同じ弘前市の出身で、子供の頃から親しい間柄だけに当時を語る貴重な記録である。また、これに続いて、『遺稿・記録飛行　故・藤田雄蔵』が出ている。なお、一九四〇年に『藤田雄蔵中佐遺稿・航空の技術と精神』が木村秀政編集で、朝日新聞社から刊行されている。

『航空朝日』一九四一年五月号は特集「長距離飛行」であり、「飛行機要目紹介・歴史的長距離機集」の中に航研機の写真と三面図（図17）が、ライアンＮＹＰ‐１型「スピリット・オブ・セントルイス」、ドボアチンＤ３３型「トレーデユニオン」、ブレリオ・ザバタ１１０型「ジョセフ・ルブリ号」、ツポレフＡＮＴ‐２５型、ヴィッカース・ウエルズリーなどの名機と共に記載されている。いずれも単発機で、いかにも長距離機らしい長大な翼を持ち、なかでも、ツポレフＡＮＴ‐２５型は、一九三七年モスコー・北米間の北極経由航路を開拓し、一万一四八キロメートルの直線航続距離の世界記録を樹立した機体で、図17のようにアスペクト比が航研機の八・九三以上の一三の翼である。設計したのは、旧ソ連の有名な設計家、アンドレイ・ニコラエビッチ・ツポレフであり、ＡＮＴは彼の名前の略である。

さて、世界記録樹立の後も、航研機には多くの試験科目が残っており、木村秀政はこれを航研機以上の長距離機を設計するための準備として楽しんでいたが、藤田雄三も本務の余暇をさいて、実験飛行の操縦を受け持っていた。そして、この二人が、一九三八年（昭和一三

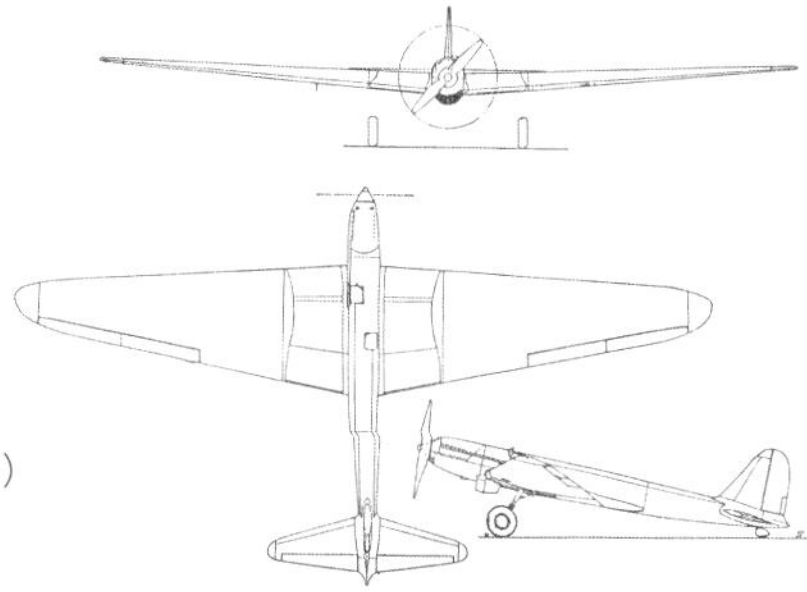

図17　1940年代の長距離機・
航研機（上）とANT-25（下）

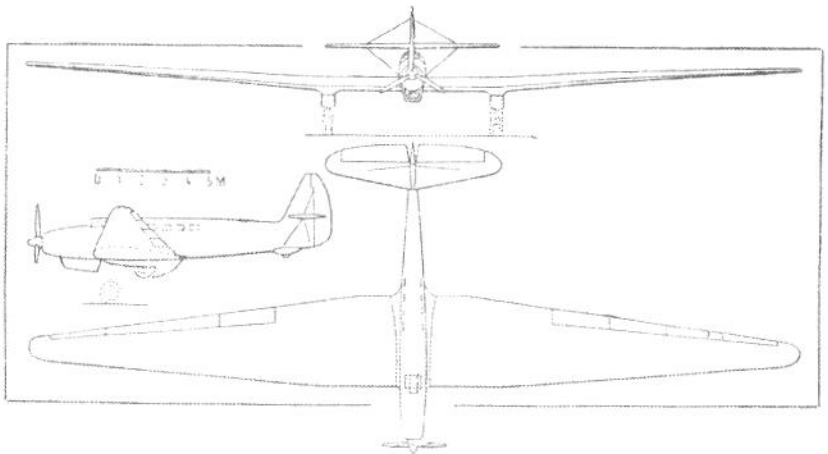

年）秋のある美しく晴れた日に木更津の海岸で交わした雑談で次に果たしたい夢が描かれた。『日本傑作機開発ドキュメント・設計者の証言』（上）（航空情報六〇〇号記念別冊、酣燈社、一九九四）の「A-26長距離機」、（木村秀政）には、次のように書かれている。

「〝あいつ（航研機）でアメリカまでゆけないかな〟はるかに霞む水平線を見ながら、藤田さんは突然いった。〝やってみたいな。でも、どうせ太平洋を越すなら、もっと立派なやつを新しく作ってやりたいですね〟」

航研機よりももっと立派な長距離機―当時私（木村）の頭の中には、航研機によって得た数々の経験をもとに、新しい長距離機への構想がようやく熟しつつあった。しかし、これはどこまでも私の頭の中のプランであり、特に昭和一四年二月に、その実現を誰よりも切望していた藤田さんが中支（中国）で戦死してからは、その実現はまず困難であろうと、半ば諦めていた。その私に、昭和一五年一月、夢のような吉報がもたらされた。朝日新聞社が紀元二六〇〇年記念事業の一つとして、ニューヨーク訪問無着陸飛行を計画し、その基礎計画を航空研究所にもちこんできたのである。」

これが、「航研機から六年後の新たな挑戦が朝日新聞の記念事業として実現し、一号機は世界記録、二号機はセ号飛行へと明暗を分けた」と言われる　A-26長距離機（図18）で、A-26という名前は「朝日新聞皇紀二六〇〇年」の略である。

『航空朝日』一九四一年（昭和一六年）二月号の巻頭アート頁に、「本社試作の高々度長

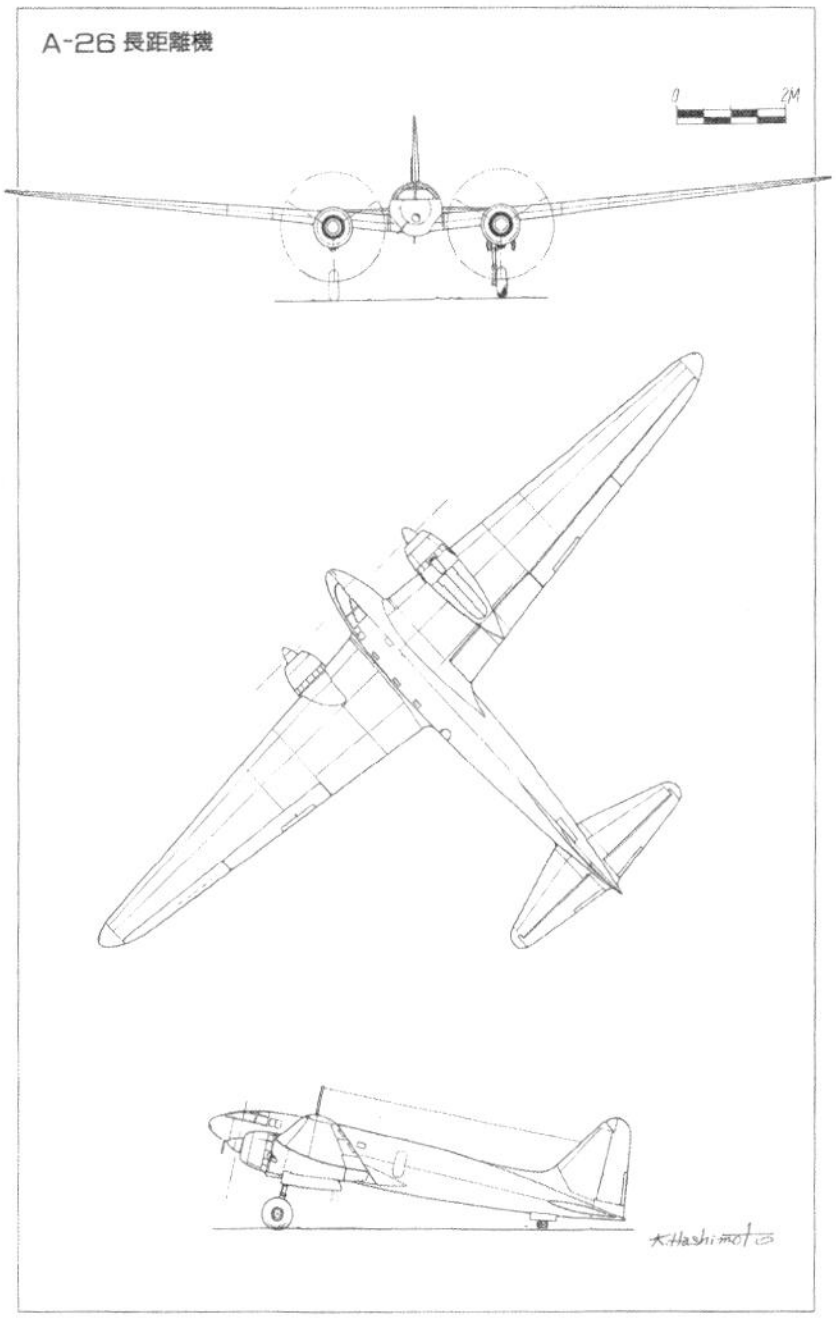

図18　記録飛行へ離陸するA-26長距離機と三面図
（『日本傑作機開発ドキュメント　設計者の証言』（上巻）／1994年／酣燈社刊）

距離機」として、機体の想像図と雲海の合成写真が出ており、「機体関係　立川飛行機、発動機関係　中島飛行機、プロペラ　住友金属、車輪　岡本工業、材料　住友及び古河」と製造に従事している会社名が挙げられている。

計画の経過は、上述の木村の著述に、「夢が現実に」、「新しい長距離機の構想」、「発動機の選定」、「機体設計上の諸問題」、「初飛行の思い出」、「二つの歴史的な大飛行」、「余裕を見せた世界記録飛行」という各章で語られているが、二つの大飛行とは、二号機による日独連絡飛行（セ号飛行）と一号機による世界記録飛行である。二号機は、一九四三年六月三〇日、福生飛行場（現在の横田）を離陸してシンガポールまで飛び、七月七日ドイツに向って飛び立ったまま、消息を絶ったが、真相は判っていない。

これに対して、一号機は一九四四年七月二日、旧・満州（中国東北部）の新京飛行場を離陸し、新京・ハルピン・白城子を結ぶ三角コースを一九回の周回飛行の後、第三日の七月四日午後七時、新京飛行場に着陸した。飛行距離一万六四三五キロメートル、見事に世界新記録を樹立した。しかし、この記録は、戦時中で、フランスにある国際航空連盟と連絡がつかなかったため、公認記録となっていないのは残念である。

この飛行に関して、木村秀政『飛行機の本』の「A二六の生涯」には、次のような興味あるエピソードが記録されている。

「A‐26は、飛行中絶えず燃料消費量を、無線で地上に知らせてきたので、われわれはこれを基にして性能の推定を行っていた。すると、燃料の消費量が予想以上に大きく、この分ではせいぜい一万五〇〇〇キロであろうというのが二日目あたりの予想であった。はたして、三日目の正午頃になると、消費した燃料の合計が、積んでいった量にほぼ等しくなり、燃料の残りが非常に心細くなってきた。それにもかかわらず、機上では相変わらずデータを発信し、快適そうに飛行を続けているので、地上のわれわれは気が気でなく、はては、長時間の高々度飛行で、乗員諸君のあたまがおかしくなって来たのではないかと、真面目になって心配するさわぎであった。

後で調べてみると、高空を長時間飛んだために、燃料積算計の一部に気泡ができ、それが原因して、一三％も指度が大きすぎていたことがわかった。（中略）機上では積算計をあてにせず、タンクの切替時間から察して、なお十分な残量のあることを知っていた。」

このような引用を延々としたのには訳がある。というのは、ボイジャーの場合にも同じような事件があったからである。「第Ⅲ部　最後の偉大な飛行記録　5　アフリカ上空―燃料問題と伴走機」で述べるように、ボイジャーが中間点を過ぎてアフリカに近付く頃、飛行距離が飛行コースの半分なのに、燃料の残量が少な過ぎるという疑問が出てきて、パイロットとミッション・コントロールを苦しめたのである。

四〇年の年月を過ぎて技術も発達した筈なのに、洋の東西を超えて、A‐26とボイジャーと共通の事件が発生しているのは、長距離飛行というものの本質を示すように思われ、特に長い引用でエピソードを紹介したのだが、ここで話をボイジャーに戻し、その機体の特徴を語ることにしよう。

4　機体の軽量化と細長い翼

3の始めに挙げたように、無給油・無着陸の長距離記録飛行を可能にする要点は、四つであり、その第一から第三までを満たす機体をバートが設計したからこそ、ボイジャーの飛行は成功したのである。

飛行機は機体が軽いと、それを浮かせるために必要な揚力が小さくてすみ、またそれに比例する抗力も小さくなるので、飛行に使われるエネルギーが少なくてすむ。即ち、単位重量の燃料でどれだけの距離を飛べるか、という「航続率」が大きくなる。だから、長距離飛行を成功させるには、出来るだけ多くの燃料を出来るだけ軽い機体で運ぶことが要求される。多くの飛行機の機体を作るのに使われているジュラルミンは、金属の中では、軽くて丈夫だが樹脂系の材料に較べると重い。そのため、ボイジャーの機体では、エンジン関係以外に僅か九本のボルトが金属であったに過ぎないと言われている。

では、どのような材料で機体は作られていたのか、機体を構成している板状の機材は、金属が一切含まれておらず、図4の右上の図に示されているように層状になっており、炭素繊

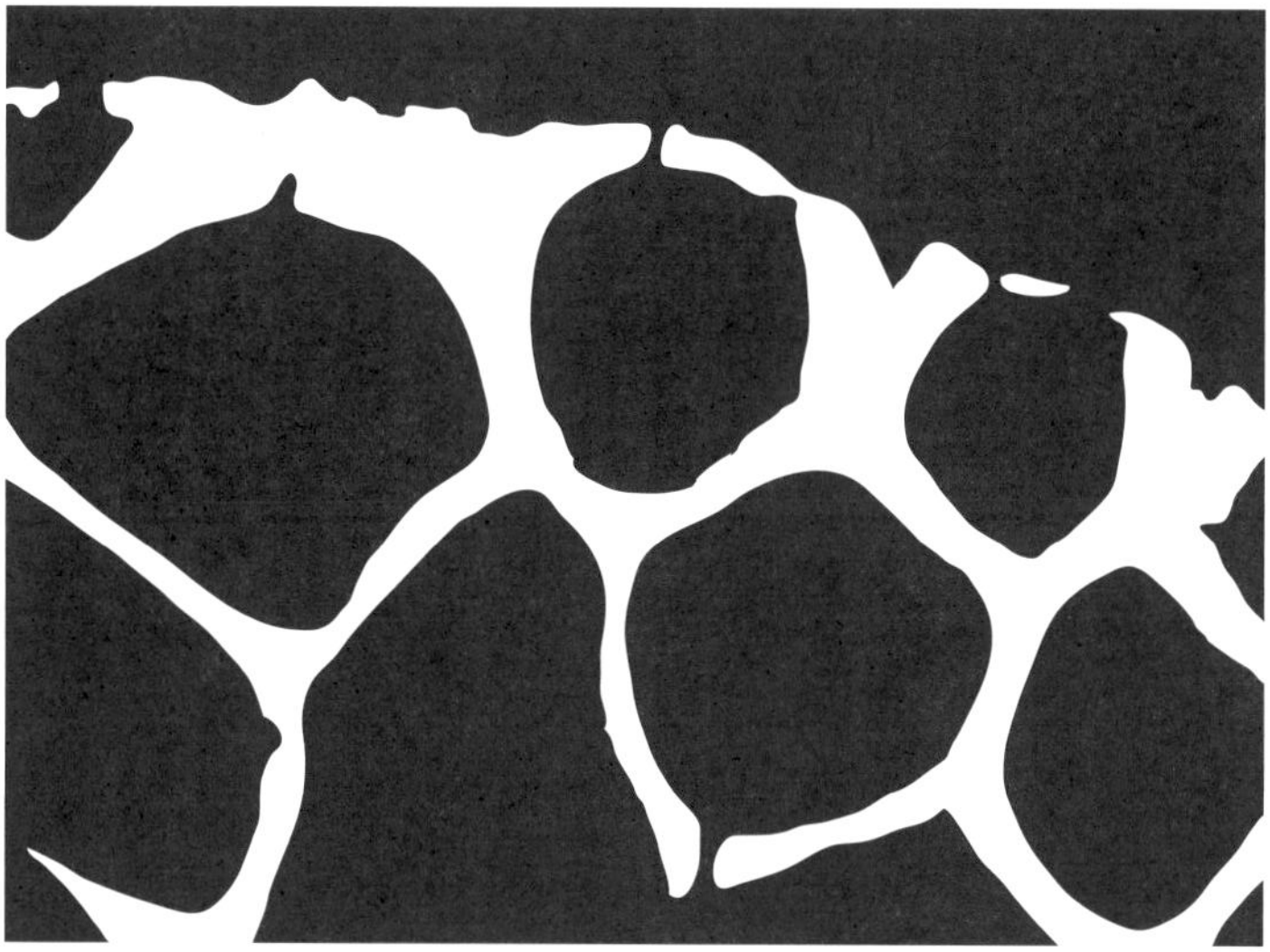

図19　翼竜の骨の内部はこのように蜂の巣構造になっている

維（carbon fiber）の生地（クロス）と蜂の巣状（ハニカム構造）の紙とをエキポシ系樹脂（epoxy resin）によって加熱接着させた層から成り立っており、炭素複合材料で作られているといわれている。

面白いのは、このような蜂の巣状の構造は、空を飛んでいた翼竜の骨にも見られることである。ちょうど本稿を執筆中の二〇〇八年三月に名古屋市科学館で開催していた「世界最大の翼竜展‐恐竜時代の空の支配者‐」の展示によって初めて知ったのだが、輪切りにした肢骨の図（図19）が示すように、見事な蜂の巣構造をしている。

翼竜は滑空で空を飛ぶために、非常に軽い体をしており、頭骨、肩甲骨、骨盤などは僅か二～三ミリの厚さであり、内部は蜂の巣のような小さい穴が開いたハニカム構造をしていた。つまり、空を飛ぶという目的のために、自然がこのような〝技術開発〟をしていた訳であり、その意味で、ボイジャーは〝現代の翼竜〟だと言えるかもしれない。

北海道新聞の解説「無給油　無着陸の秘密」（一九八七年三月七日夕刊）は、このような材料に注目しており、次のような記載がある。

「軽くて、しかも頑丈にするために、炭素繊維や炭素強化プラスチック（CFRP）などの最新素材が使われているが、中でも活躍したのがアラミド繊維といわれる高分子材料。世界最大の化学メーカー、米デユポン社の開発したアラミド繊維は「ケプラー」と呼ばれ、同じ重量なら鋼鉄の五倍の強さがあり、胴体に使われている。

さらにアラミド紙「ノーミックス」をハチの巣状にしたハニカム複合材は、鋼材の九倍の強さがあり、主翼やカナード（先尾翼）などの中心材はノーメックス製。

炭素複合材料はこれまでの航空機にも部分的に使われているが、構造材料として全面的に使われたのはボイジャーが初めてで、アフリカ上空で乱気流に見舞われた時にも、機体はびくともせず、炭素複合材料の頑丈さを見せつけた。」

ところで、重量軽減の努力は機体だけではない。パイロットまで及び、それを語るエピソードとして、『週刊朝日』（一九八七年1月）の解説には、「一九六一年七月のテスト飛行の直前、髪の長い美人のイェーガーさんが、自慢の髪をばっさり切って現れ、チームのみんなは息を飲んだ。彼女は心機一転のつもりだったのだろうが、ルタン機長は、「（髪の毛の重さ

図20　長距離飛行のために長い髪を切るジーナ・イェーガー
（『VOYAGER』KNOPF）

が減って）これで航続距離が四分の一マイル（約四〇〇m）延びたよ」と喜んだ。」というエピソードが出ている。

ジーナとディックによる著書、『Voyager』（Jeana Yeager and Dick Rutan,with Phil Patton, Alfred A. Knopf,1987）は、ボイジャー・プロジェクトの公式記録とも言うべき本だが、その中にジーナが髪を切った時の写真（図20）が出ている。その時の彼女の寂しそうな印象が私の記憶に残っているが、写真の説明にも、「ジーナは長い髪を切るのを嫌がっていた。しかし、長い飛行の間にそれを手入れするのは不可能だったし、また長い髪は操縦席の部品に絡みつく怖れもあった。」と書かれている。

こんな苦労までして重量を減らした結果、ボイジャーの機体は、離陸時の全備重量の二八％の重さしかなかった。それほど軽くて丈夫な材料によって作った機体に出来るだけ多くの燃料を積み、出来るだけ遠くまで飛ぶには、飛行機を止めようとする抗力を小さくする必要があり、そこで第二の要点である優れた機体の設計として独特の形が登場する。

先ず、細長い主翼である。ボイジャーのような長距離飛行のためには、飛んでゆく飛行機を止めようとする空気抵抗を小さくすることが必要である。そこで、抵抗の一種で、翼の先端から発生する〝後ひき渦〟による翼端渦（図21）が小さくなるのは、細長い翼であることが判っているので、ボイジャーの設計でもその形が採用された。翼の長さ（全幅）と翼の幅（〝翼弦〟の平均値）との比を〝アスペクト比〟というが、

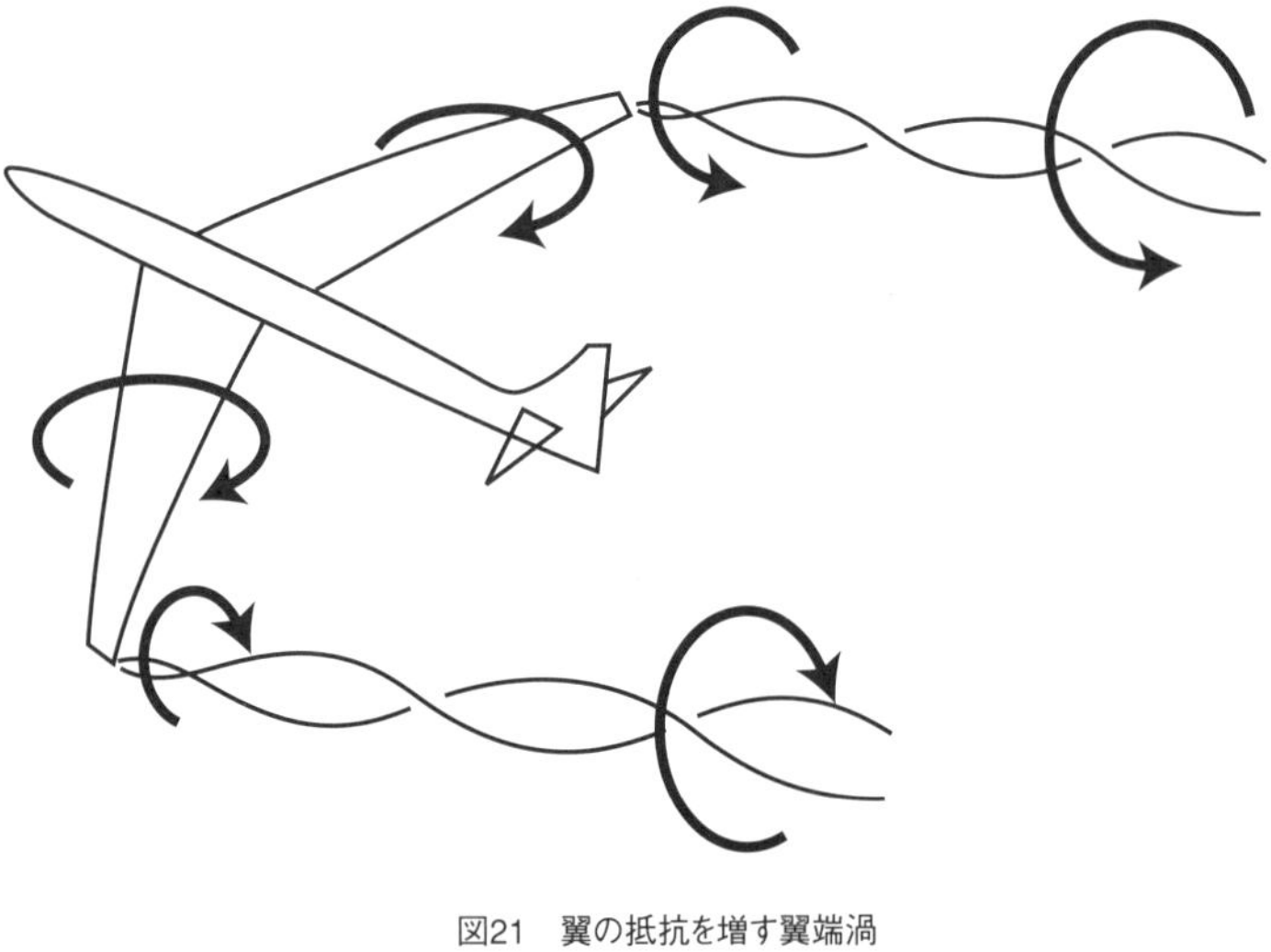

図21　翼の抵抗を増す翼端渦

この比が大きいほど、細長い翼である。だから、長距離飛行を目指して作られた飛行機は、どれもアスペクト比が大きい細長い翼をしている。

図22に三面図を示すように、いずれも細長い翼を持ち、アスペクト比は航研機が八・九三、Ａ‐２６が一〇・九である。これに対して、ボイジャーの場合は三三・九という大きい値であり、どんなに細長い翼かよく判る。

図22の航研機、Ａ‐２６、ボイジャーの平面図を比較すると、前二者の翼が三角形であるのに対してボイジャーが細長い矩形の翼であることがよく判る。どうしてこうなったかと言うと、航研機、Ａ‐２６の機体はジュラルミンで作られており、翼が重く、翼を胴体に取り付ける部分に大きな力がかかるので、そこの幅を広くして支える必要があったから、三角形になったのである。

それに対して、ボイジャーの場合は、軽くて丈夫な炭素複合材料で作られていたために主翼が軽く、翼の付け根を広くする必要がないので、細長い矩形の翼に出来たのである。それがどれ位細長かったかは、二七頁の図４にボイジャーと翼幅がほぼ同じボーイング７２７旅客機と並べて平面図が示してあるので、一目でよく判る。

しかし、細長いために、翼にあるタンクに燃料を満載すると、その重みで翼が下に撓んでしまう。だから、離陸前に翼を浮かせる揚力が小さい時には翼端が滑走路に付く位に山形にたわみ、揚力が大きくなって浮き上がる位になると、ビューンと上向きに反って谷形になる。

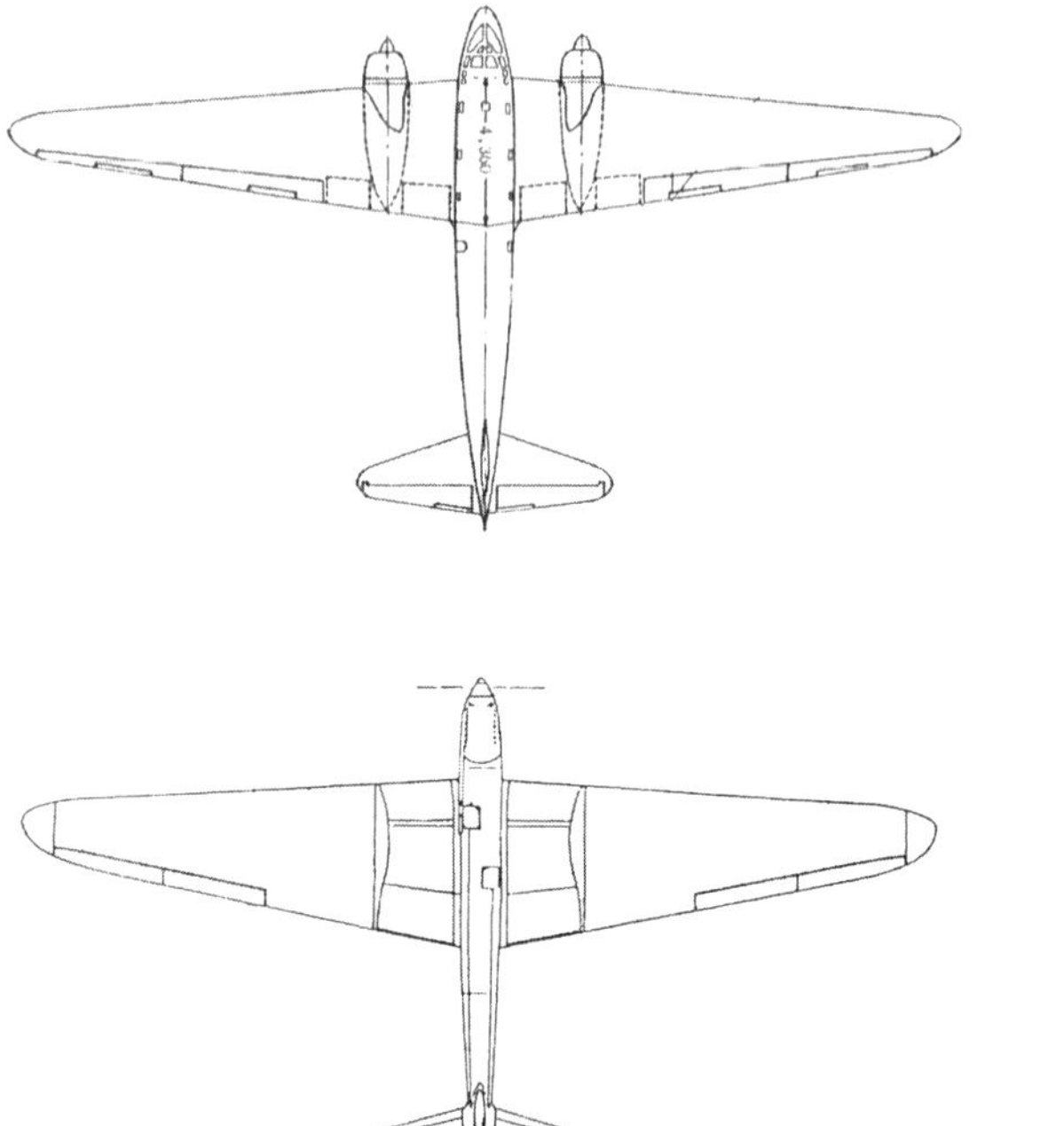

図22　上からA-26長距離機、航研機、ボイジャー

そんな撓みの大きさは図4に図示されているが、ビデオでボイジャー離陸のシーンを見るとハラハラする位の撓み方である。そして、実際、世界一周飛行の離陸の際に翼端を滑走路で擦って傷がつき、翼端のウイングレットと呼ばれる部分がちぎれてしまったほどである。抵抗を減らすために付けたものだから、これを失って、抵抗が少し増えた。

このように撓んでも丈夫な翼を持ったボイジャーの成功によって、炭素複合材料の軽さと丈夫さが知られるようになったので、それ以来、航空機産業界ではこの材料が広く使われるようになり、〝新しい時代が生まれた〟とさえ言われた。

例えば、朝日新聞二〇〇八年五月一二日（朝刊）科学欄では、「新型旅客機　省エネを競う」という見出しで、「地球温暖化や原油の高騰などのため、旅客機の燃費向上が時代の流れとなっている。機体の軽量化はもちろん、国内外のメーカーがてがける最新鋭機には、これでもかというほど省エネの工夫がこらされている。」として、「ボーイング社の「787ドリームライナー」も、炭素複合材料の比率を五〇％まで増やすなどして、乗客一人あたりの燃費が「ボーイング767」よりも約二〇％いい。」と報じている。

このようにして、飛行機の航続距離を延ばすには、細長い翼の形によって抵抗を減らすとともに、翼が機体と持ち上げる力＝揚力を大きくする、すなわち揚力と抗力の比、揚抗比を大きくすることが重要である。

石川昭『ボイジャーを設計したバート・ルタン』（『航空技術』No.384、一九八七年三月号）によると、ボイジャーの長距離性能の向上に貢献したのは、天才的な翼型設計研究者、ジョン・ロンツが開発した揚抗比が極めて大きい翼型を採用したことだという。

しかも、興味深いのは、ロンツはホーム・ビルト機の愛好者で、バートが設計したロングEZをきっかけにして、バートに協力するようになったことである。当時、図4に示した先尾翼（カナード）は、雨の中を飛ぶと揚力が減って機首が下がるという問題が起こっており、その解決にバートは苦労していたが、ロングEZの解説書でこの問題を知ったロンツが新しい翼型を提案して、問題を解決し、以来二人の協力が始まり、ボイジャーにもロンツの翼型が採用され、飛行の成功に導いたのだという。

特に、第Ⅲ部で述べるように、ボイジャーは低高度を低速度で飛ぶため、飛行中にカナード、主翼に小さなゴミ、雨滴、虫などが付着して気流を乱し、揚力を低下させる現象が起こる可能性があったのに、それを未然に解決できたのはロンツの翼型によるとされている。ここにも、ホーム・ビルト機によってバートとロンツを結びつけた〝ひと〟の繋がりがあったのである。

5　二つの長い胴体―双胴機への想い

ボイジャーの外形上の特徴は、二つの長い胴体と短い中央の胴体の組み合わせである。

このような機体は双胴機と呼ばれるが、主翼の付け根にかかる重量的負担が小さくなる上、ものを搭載できる空間を広く出来る効果がある。ボイジャーのように無給油で長距離を飛行するには、多量の燃料を積み込む必要があるので、〝空飛ぶ燃料タンク〟と呼ばれたほど、翼にタンクを取り付けたが、それでもまだ足りず、操縦席のある胴体の外側に、〝ブーム（boom：帆桁）〟と呼ばれる細長い胴体を並べ、カタマラン（catamaran：双胴船）に似た形にして、そこに燃料タンクを収め荷重を分散した。

この長いブームは翼をよじらせて、破壊や不安定の原因になるので、硬くて前向きにVにした先尾翼（カナード：canard wing）によって固定し、普通の尾翼なら主翼の揚力を減少させるところを、逆に揚力を増加させた。そして、ここにも燃料タンクを取り付けた。その結果、図4に示すように一七個のタンクを配置した〝空飛ぶタンク〟の形が出来上がったのである。なお、ブームの後端には垂直尾翼が付いているが、右側がやや大きく、方向舵がついている。

双胴機というのは、多くの人には馴染みがないだろうが、私にはこの形式の飛行機に多くの思い出がある。

先ず、かつて日本陸軍が試作した「キ105試作輸送機〝鵬〟」である。太平洋戦争の末期、当時、京一中、ノーベル物理学賞の湯川秀樹、朝永振一郎の母校として知られる京都府立京都第一中学校の五年生であった私は　勤労動員によって日本国際航空工業京都製作所で働いており、仕事場は京都市内の飛行機工場であったが、一度だけ枚方市にある工場を見学に行ったことがある。

『日本軍用機の全貌』（航空情報編、酣燈社、一九六六）によると、間口六〇メートル、奥行二〇〇メートル、当時日本一と称された木造無支柱の大組立工場であり、そこで木製機であるキ105試作輸送機の生産が進められていた。

それが、双胴、双発の木製機「鵬」（図23）であり、第一印象として、細長く伸びた二本の胴体、見上げる長い翼の長さ、そして倉庫のような中央胴体の広さに驚いた記憶がある。そんな中央胴体だけが金属製で、野原茂『日本陸海軍試作／計画機』（グリーンアロー出版社、一九九九）に構造や内部が詳しいイラストによって説明されているが、それを見ると一種の懐かしさを覚える。

木製の主翼は、翼巾：三五メートルでボイジャーとほぼ同じだが、アスペクト比：一〇・九で、図18に示したA-26と同じであるのは、主翼が木製で軽くても木製の強度では細長い形は無理で、長い三角形となったのだろう。そんな「鵬」の印象を、戦時下の一九四五年五月一三日に私が描いたのが図23の下の漫画である。

『日本軍用機の全貌』（一九六六）のキ105の項には、「戦後有名になったフェアチャイルドC-82パケットが、殆ど同時に試作が進められていたことも面白い事実である。」と述べられているが、確かにC-82パケットの三面図を較べると、図24のように、実によく

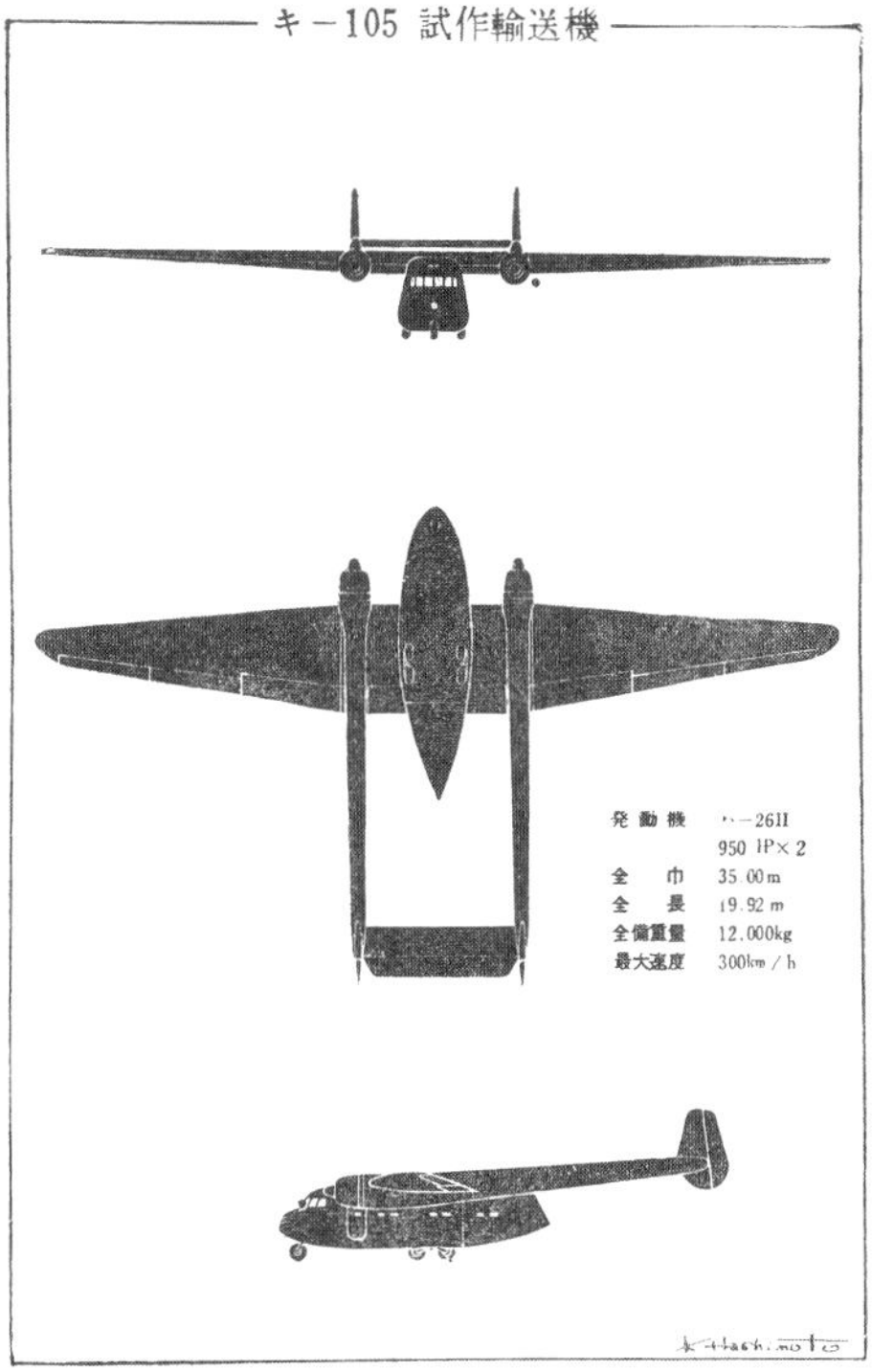

図23　試作輸送機「鵬」の三面図と著者作の漫画

似ている（『航空情報』一九六四年一〇月号、臨時増刊『第2次大戦アメリカ陸軍機の全貌』）。

しかし「鳳」の項に、パケットを取り上げた背景には、ちょうどこの本が出た前年一九六五年に、この双胴機C－82が登場する映画『飛べ！フェニックス』が評判になったことがあると思われる。私もこの映画を興奮して見たが、確かに映画のストーリーのように、墜落した双発機の材料から単発機を作るのは、上翼の双胴機だからこそ可能な訳であり、この映画の脚本家はよほどの航空ファンであったと考えられる。

戦時中に話をもどすと、前記の『日本陸海軍試作／計画機』には、日本陸軍の航空技術研究所が計画した機体のイラストが出ているが、その「第三案軽爆撃機」が双胴

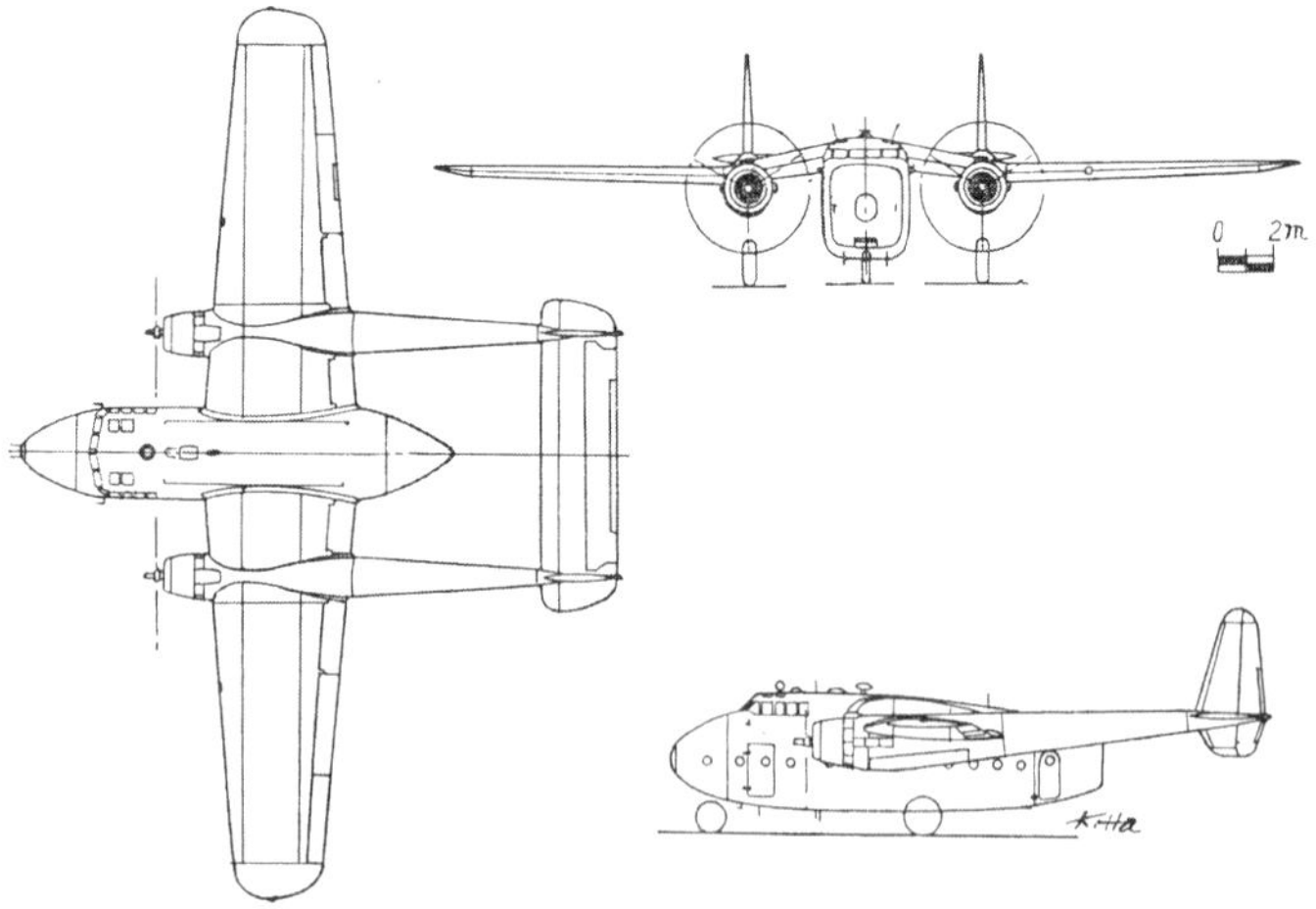

図24　フェアチャイルド・パケット輸送機の三面図

で、一方に操縦席があるという非対称の形が珍しく、この本のカバーにも使われているが、小川利彦・イラスト集『日本陸海軍・幻の新鋭機』（白金書房、一九七六）にはリアルなイラストと三面図が出ている（図25）。

ところが、これとそっくりの非対称の飛行機がバートによってデザインされたのだから、びっくりする。ルタン・モデル２０２（Scaled Composites Model 202 Boomerang）（図26）であり、「第三案軽爆撃機」とそっくりで、戦時中の日本の設計者の先駆性を示しているようで、嬉しくなる。

次に、第二次世界大戦の軍用機中で、双胴機として記憶が鮮やかなのはロッキードＰ‐38である。第Ⅳ部３で述べるように、一九四一年、中学二年の時に買い始めた大判の飛行機の写真集『世界の翼』の表紙に大きくその写真が出ていた。当時、世界最高速度の戦闘機といわれ、「双胴双発単座戦闘機という、古今に類の少ない大胆な配置で成功し、第二次大戦でもっとも有名な戦闘機のひとつとして歴史に残った」（クリステイ、エセル著『第二次世界大戦空戦録４・双胴の戦闘機Ｐ‐３８』（講談社、一九八四）とされ、この本のオビには、「空戦性能の良さを誇る日本軍の単発戦闘機と互角に戦えた唯一の双発戦闘機。山本長官機を撃墜した「双胴の悪魔」のすべて」と書かれている。

同じようなタイトルで、各種の双胴機を漫画のようなイラストで解説しているのは下田信夫『Nobさんの飛行機グラフィティ』（三）（光人社、二〇〇六年）の「双胴の悪魔たち」

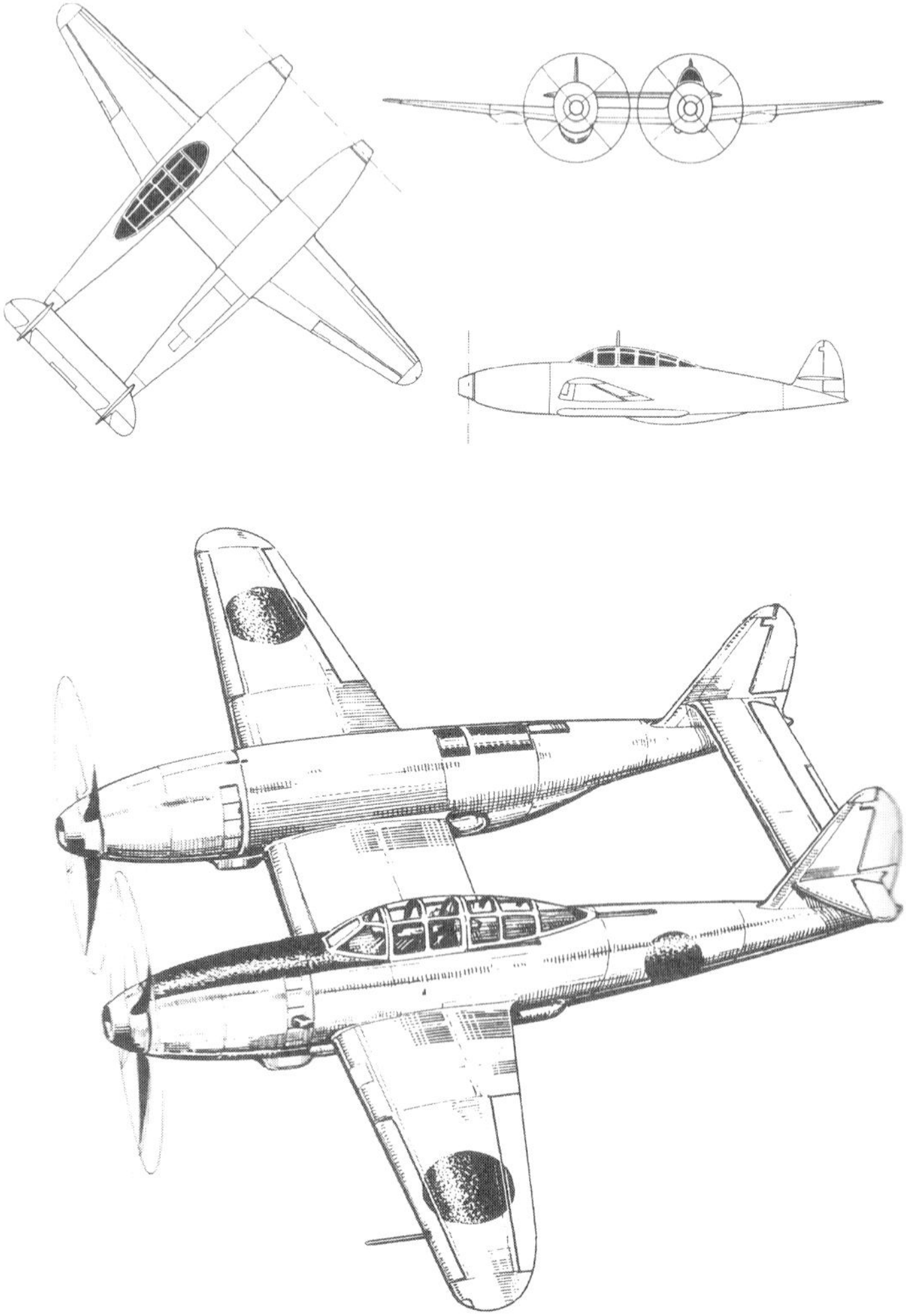

図25　日本陸軍試作の軽爆撃機

（1）、（2）、（3）であり、P-38に始まって、さまざまな機体が紹介され、勿論、キ１０５、パケットも出ている。

6　グローバル・フライヤーへ

こうして、ボイジャーの形態から、双胴機への想いを過去に遡ってみたが、最近における代表的な例の一つがポンド・レーサー（Pond Racer PR-01）である。二〇〇三年の四月、スウェーデンのキルナで開催された北極研究の会議に出席し、すばらしいオーロラを見た旅の帰途に立ち寄ったストックホルムの本屋で見つけた面白い写真集、『The World's Strangest AIRCRAFT, A Collection of Weird and Wonderful Flying Machines』世界の最高におかしな形の飛行機、（Michel Taylor, Metro Books,2001）に出ていたのが、図27のようなレーサーの写真であり、説明に設計者の名前は挙げられていないが、Scaled Composites社（スケールド・コンポジット社）の製作とあるから、社長の

図26　ルタン・モデル202

バート・ルタンの設計であることは明らかである。

一九九一年の初飛行の後、一九九二年のリノのレースに参加したが、不幸なことに一九九三年のリノへの参加を準備中に事故で焼失したという。年代的に見て、ボイジャーの発展形であり、その双胴型は二〇〇四年の宇宙船・スペースシップワンの母機・ホワイトナイト、二〇〇五年の世界一周ジェット機・グローバルフライヤーへと発展してゆく。

スペースシップワンについては、科学雑誌『ニュートン』二〇〇四年九月号の「宇宙到達！民間宇宙船スペースシップワン - 夢の宇宙観光はどれだけ身近になるのか？」という解説に、離陸から着陸までの飛行が図解されているが、宇宙船もそれを運ぶジェット機ホワイト・ナイト（White Knight）も、バート・ルタンの設計、スケールド・コンポジット社の製作である。

二〇〇四年六月二一日、スペースシップワンはホワイト・ナイトによって高度一五キロメートルまで運ばれ、切り離された後、ロケットエンジンによって加速、急上昇して、高度一〇〇キロメートルに到達し、有人宇宙飛行に成功した。

一九二七年のリンドバーグによる大西洋横断の単独飛行は「オルテイグ賞」をねらったものであったが、スペースシップワンも民間の宇宙開発を促進するために、ディアマンディス氏が創設した「ANSARI X Prize（アンサリX賞）」の賞金一〇〇〇万ドルをねらったものであった。それまでの宇宙開発は、世界最初の人工衛星、有人宇宙飛行、月面着陸などすべ

図27　ポンド・レーサー（『THE WORLD'S STRANGEST AIRCRAFT』Metro Books）

図28　宇宙船を運ぶホワイト・ナイト（PHOTO:NASA）

て国家の計画・予算によるものであったが、スペースシップワンは民間企業による初の宇宙開発としてその意義が高く評価され、その実物がスミソニアン航空宇宙博物館に展示されている。

スペースワンの搭載機・ホワイトナイトは図28のように双胴で、まるでボイジャーをジェット機にしたような形をしており、魅力的である。前述の『飛行機グラフィティ』（3）の「双胴の悪魔たち」にも、最後に紹介されている。そして、二〇〇九年末には、次期の宇宙旅行用の機体が公開されたが（朝日、十二月九日夕刊）、その形はまさにボイジャーの未来図という感じがする。

ところで、二〇〇四年一月九日の朝日・夕刊には「挑戦への翼」という見出しの記事で、ジェット機による初の単独・無給油・無着陸世界一周を目指すグローバルフライヤーの写真が出ている。

この記事では、同年の後半に挑戦とあったが、実際には翌二〇〇五年三月四日の中日・夕刊の写真、図入りの記事のように、二月二八日にカンサス州のサリーナ空港を離陸してから三月三日の同空港着陸まで六七時間二分三八秒の飛行で、アメリカの富豪で冒険家のスティーブ・フォセット氏が新記録を樹立した。

写真（図29）に見るように、ホワイトナイトとは水平尾翼の取り付けがちょっと違うが、ボイジャーにそっくりの形をしており、やはりバートの設計でスケールド・コンポジット社の製作である。

こうして一九八六年のボイジャー成功以来、ほぼ二〇年の間にバートの設計、製作によって、双胴機はジェット機の時代まで大きく進化してきたのである。そしてスケールド・コンポジッツのホームページによると、二〇〇九年四月には、図30のようなホワイトナイト・ツーが初飛行している。

また、ボイジャーとの比較で面白いのは　モデル281プロテウスであり、航空機を無線通信中継器として使うために開発された機体で、図31のように、ボイジャーの中央胴体を延長した上、カナードを延ばし、その代わりに双胴のブームの前半分を切った形をしている。

このような機体を眺めていると、バート・ルタンの天才的な設計能力に感嘆するが、日本国内でも評価は高く、驚いたことに子供向けの図鑑にまで登場している。学研の図鑑『自動

図29　世界一周機、グローバルフライヤー（PHOTO:NASA）

図30　ホワイトナイト・ツー

図31　プロテウス（PHOTO:NASA）

車・飛行機』(学習研究者、二〇〇六年)の「おもしろ飛行機」の項に、大判の頁下半分ほどの大きいコラム欄〝バート・ルタン〟というタイトルの顔写真入りの説明には、「かわった形の飛行機を設計することで有名です。」とあって、ボイジャー、ホワイトワン、ポンドレーサーの写真が出ている。

特にポンドレーサーについては、「一九九〇年に、レシプロエンジンによるスピード記録をねらって作られました。エンジンは日本の日産自動車製でした。」という説明によって、日本との関係を子供達に伝えようという解説者の配慮には敬意を表したい。ただ、この顔写真のバートは元気そうだが、二〇〇八年六月に、心臓の疾患が原因で、スケールド・コンポジッツの社長を辞任したと伝えられ、時代の流れを感じる。

7 中央胴体 ― 串型エンジンと狭い操縦席

図32　串型エンジン双胴機の先駆・フォッカーD.23(Chronicle of Aviation)

長距離飛行を可能にする技術的要点は、第Ⅱ部の2で述べたように、第一に機体の軽量化、第二に流体力学的に優れた機体だが、第三には効率的な推進方式が挙げられる。ボイジャーの場合、図4のように、主翼と先尾翼によって支えられた中央胴体に、操縦席（コックピット）があり、前後にエンジンがつけられているが、このような機体の形は「串型エンジン双胴機」と呼ばれる。

この形式の飛行機が、世界で最初に登場したのは、一九三八年オランダのフォッカー社が自社試作機として作った単座戦闘機フォッカーD.23（図32）である。当時、エンジンを操縦席の前後に配置した機体は前代未聞の形態として、一九三八年のパリ航空サロンで注目を集めたが、一九三九年に初飛行した原型機の段階で終わった。

しかし、この機体の形が飛行機の未来を示すものとしていかに注目されていたかを示す例がある。私は中学時代からの飛行機ファンで、同時に理科系の道に進もうと考えていたので、『航空朝日』とともに科学雑誌『子供の科学』（後に『学生の科学』と改題）を読んでいた。『子供の科学』の方は終戦直後に処分したが、航空関係の部分だけは切り取って、合本して保存している。その合本の一九四〇年頃の部分に、「将来の飛行機」というタイトルの色刷りの折り込みがあって、そこにフォッカーD.23が描かれており、登場して間もないのに注目されていたことがよく判る。

次にフォッカーD.23と同じような機体は、日本でも第二次世界大戦中の試作機の中に例

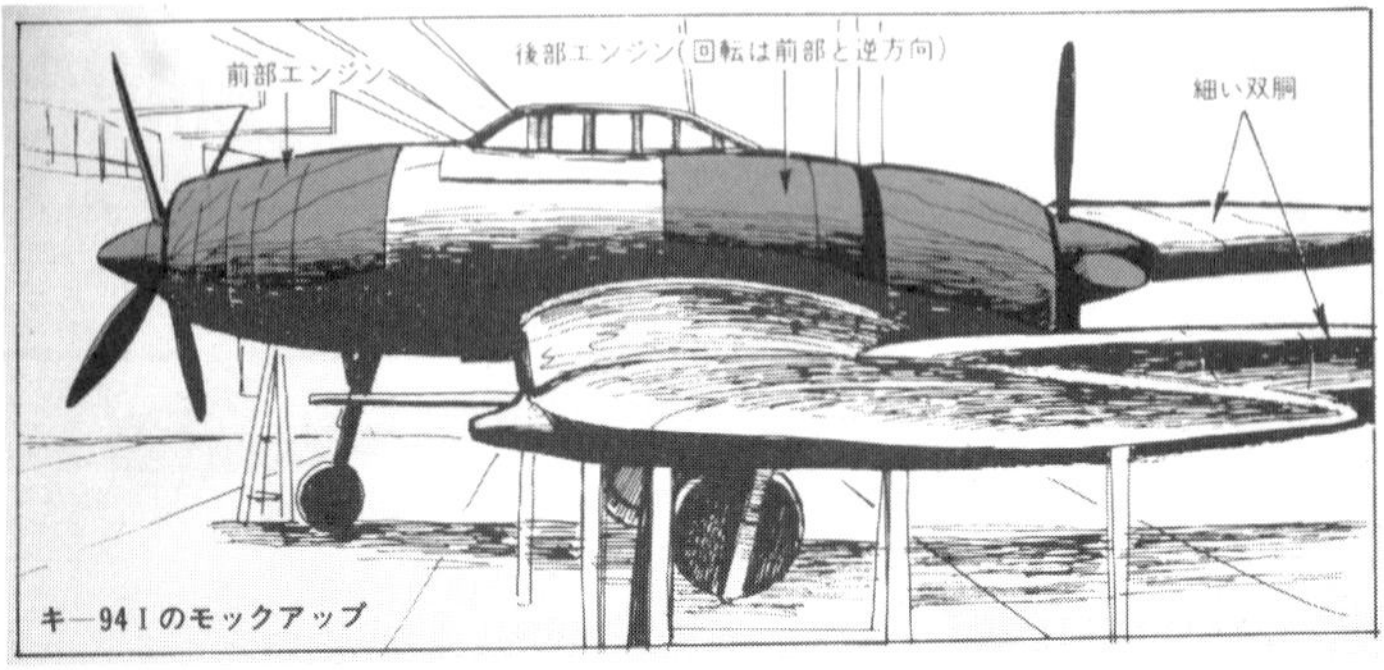

図33　日本海軍の試作機・串型エンジン双胴機
（『飛行機メカニズム図鑑』／1985年／グランプリ出版）

図34　日本海軍の試作機“閃電”
（『飛行機メカニズム図鑑』／1985年／グランプリ出版）

がある。出射忠明『飛行機メカニズム図鑑』（グランプリ出版、一九八五年）に「串型エンジン双胴機」として紹介されている海軍の試作機で、実機を作る前に木材で同じ寸法で作って機体を審査するモックアップの段階で中止されたキ‐94Ⅰと呼ばれる機体（図33）である。コックピットの前後にエンジンを付けたのは、双発でありながら抵抗を単発機並みにしようという狙いで、その効果はボイジャーと同じだが、問題が多過ぎて開発は中止された。

しかし、双発ではなく、単発ながらボイジャーと似た形をしているのは、やはり同じ海軍の開発機、単発双胴の〝閃電〟である。キ‐94Ⅰを単発にしたような機体で、開発は失敗に終わったが、その原因となった最大の欠陥は、上記の図鑑に図示（図34）されているように、プロペラの後流による水平尾翼の振動であったという。そう思って、前述の『Nobさんの飛行機グラフィティ』を見ると、戦後に登場した双胴機の水平尾翼はプロペラやジェットの後流を避けるために高く取り付けられており、中には垂直尾翼の上に付いているものさえある。

そんな実例を知って、あらためてボイジャーの機体をみると、二つのブームの後端をつなぐ水平尾翼がなく、これは、二つのプロペラの後流による振動を避けた設計であると理解できて興味深い。そして、それに代わるのがカナードだったのである。

さて、ボイジャーの中央胴体の前後に取り付けた二つのエンジンのうち、前部エンジンは、離陸時のほか、燃料が多くて重かった時に余分の揚力を得るためと、気象条件が悪い場所から脱出するなど、緊急事態の時にだけ駆動し、あとの時間は止めて、プロペラは風任せで廻るようにして、推進の効率化をはかったため、前部エンジンの駆動時間は七〇時間であった。これに較べて、推進主力の後部エンジンは、後述のエンストの時以外には二一六時間の飛行を通じて駆動を続けた。

ボイジャーのエンジンについては、日野自動車工業で長年にわたってエンジンの設計、開発を担当された鈴木孝氏が著書『エンジンのロマン - 発想の展開と育成の苦闘』（三樹書房、二〇〇二）で、「「ボイジャーと航研機 - 希薄燃焼に挑んだエンジン。双発、実質は単発。ともに避けたディーゼル新規開発の冒険」という章を設けて、次のように解説されている。

「ボイジャーを取り巻く環境も何かこれ（航研機の場合）に似ているようで、大変面白い。テレダイン・コンチネンタル社は航空ディーゼルの試作を発表したが、それはボイジャーの構想が生まれる前年であった。彼ら（バートたち）の脳裏には当然ディーゼルの誘惑がよぎったことであろうが、彼らの選択は航研機の場合と全く同じく、新設計を排し、市場実績のある平凡なテレダイン・コンチネンタルＩＯＬ - ２４０型であった。市販型そのままのものを前方に、それをベースに徹底的に希薄燃焼と燃費改善の改良を施したものを後方に配置した。

主力の後方エンジンは燃焼室まわりの冷却を均一にし燃焼改善を図るため、空冷を液冷に

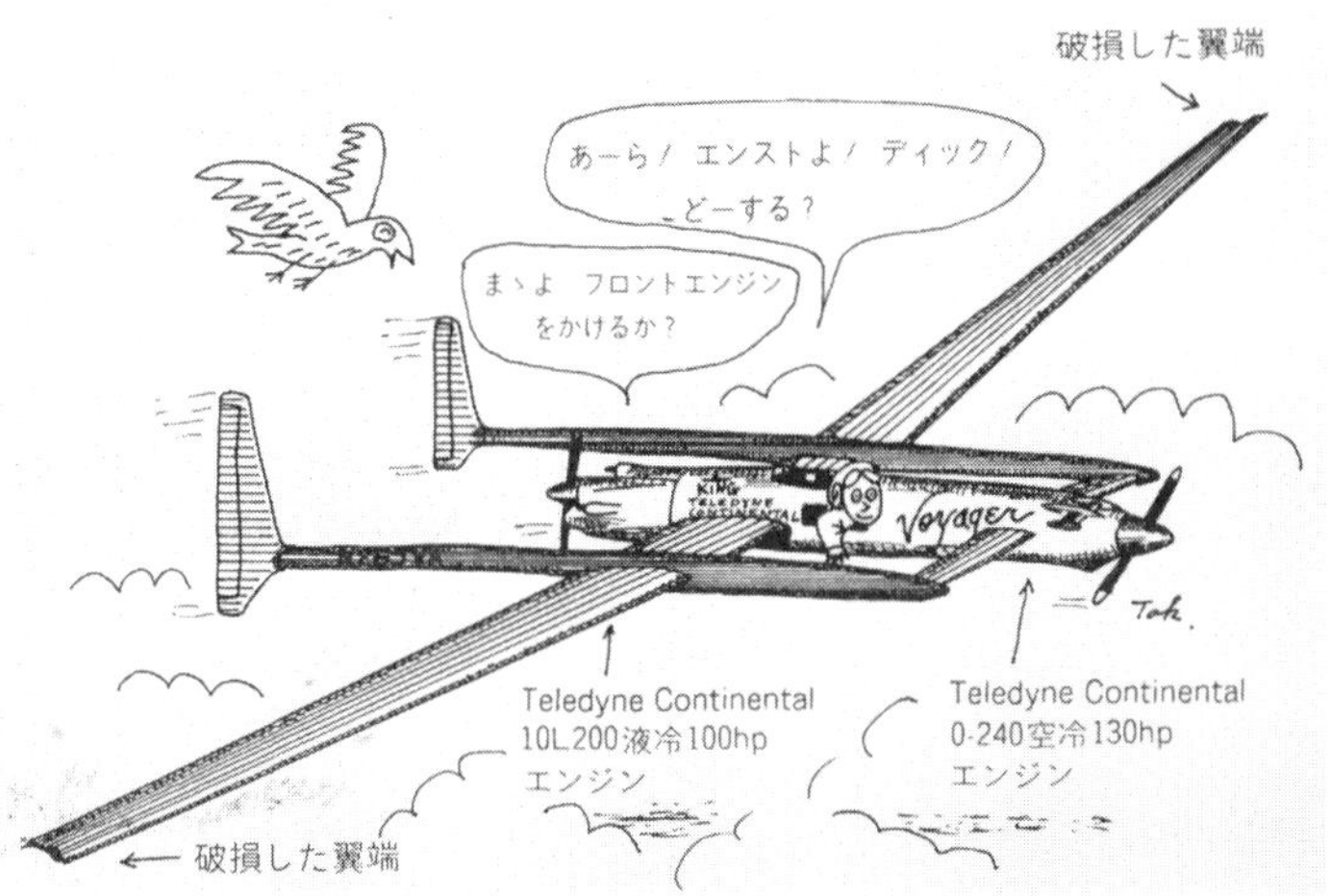

図35　エンジン設計者が描いたボイジャーの漫画
（『エンジンのロマン－発想の展開と育成の苦闘』／2002年／三樹書房）

変更、さらにピストンを油冷却とした。この設計により、エンジンは圧縮比をオリジナルの七から一一に上げることができ、希薄燃焼と相まって約二〇パーセントの燃費低減を達成、大記録に挑戦し得たのである。」

と、鈴木氏は技術者として強い共感をボイジャーに寄せておられるが、その気持を反映しているのがご自身の筆になるボイジャーのイラスト「翔べボイジャー」（図35）である。この絵を見ていると、鈴木氏のセンスとユーモアに思わず微笑みが湧いてくる。

さて、二つのエンジンを駆動させるのは、燃料満タンの機体を離陸させるために、速度を上げる時が主だが、前部エンジンは飛行の最終段階で起こった危機、メキシコ沿岸を飛行していた時、主力の後部エンジンがエンストを起こし、ボイジャーが〝グライダーになった“時に威力を発揮した。ボイジャーは、重量軽減のため、後部エンジンのスターターを外してあったので、エンストに際して再始動できなかったが、前部エンジンの駆動によって危機を脱することが出来たのである。

スターターがないので、離陸の際の後部エンジンの始動はプロペラを人間が手で回しておこなっていたが、その様子は記録飛行のビデオでよく判る。今時、手動でエンジンを始動するなんて想像外だが、それほど軽量化に努力したのである。

メキシコ付近で後部エンジンがエンストした時、ディックとジーナは、あらゆる手段を尽くしたが、速度が落ちて機体の高度は低下し、一七〇〇メートルまで下ったので、基地で指令を出していたミッション・コントロールは、「前部エンジンを駆動せよ」と命じた。そこで、ディックは前部エンジンを再始動し、速度を出来るだけ上げた。すると、後部エンジンのプロペラが回り始め、ついにエンジンが再始動をはじめ危機脱出に成功した。

この時の状況を、後にディックとジーナが著した記録書『Voyager』(1987)には、次のように書かれている(三一二頁)。

「エンジンが止まって、聞こえる唯一の音は風のひびきであり、いつもエンジン音が聞こえていた私達の耳には、ただ不気味な鈍いトドロキが伝わるのみであった。今、私達はエンジン無しで、八〇〇〇フィート(二四四〇メートル)の高度にあった。高度が十分あるので、機体をスパイラルに下降させてプロペラを回してエンジンを始動させるよう努力しているうちに、高度は五〇〇〇フイート（一五二五メートル）まで下がったところで、「前部エンジン始動」の指令が来た。

「プロペラ・コントロールを高い回転数（RPM）にセットせよ」

「燃料注入、そしてスタート」

やがて、前部エンジンがポン、ポン、音を立て始める（popping. Pop・・pop・・pop・・）。そして、静かになる。又、生き返る。三五〇〇フイート（一〇六八メートル）、前部エンジンが始動した！　そして、ゆっくり速度を上げると、「後部エンジンが動き出した」とジーナが叫んだ。彼女は後部の防火壁に押し付けていた足を通じてエンジンの振動を感じたのだった。」

このように前後にエンジンを付けた中央胴体は長さ七・七七m、断面はやや扁平で、最大の断面で、幅九九センチメートル、高さ八九センチメートルで、コックピットは〝バスタブ〟とよばれたほどの狭さであった。パイロットは立つことは出来ず、一人はリクライニング・シートに座って操縦桿を握り、一人はその横で寝ているような姿勢しか取れなかった。操縦席の頭上、中央胴体のやや右寄りに小さな水滴型のキャノピー（風防）があり、ここからパイロットは周りを見渡せた。また、その付近に、左右にそれぞれ二個の側面窓があって、外を見ることが出来た。

前述の『Rutan Aircraft』（二四一頁）によると、コックピットがあまりに狭いので、記録飛行の一年以上前に、バート達は、ディックに「コックピットを二つに切って延ばし（cut and insert a plug）、パイロットが一息をつけるような空間が出来るように拡大することも可能だが、どうだ？」と質問した。しかし、ディックは「構造は複雑に入り組んでいるし、デザインも見事に調和がとれているので、時間と資金の両方から言っても、そのような主要な変更は論外だ」と答え、そんな検討に感謝しつつ変更を否定した。

たしかに、世界一周飛行が達成された後で、バートが言った。「もしコックピットがひと回り（significantly）大きかったら、あるいはコックピットを与圧式にしておいたら、（燃料消費が増して）ボイジャーは燃料が無くなって、メキシコに着陸していたことだろう」と。それほど、ぎりぎりに設計されていたのである

そんな窮屈なコックピットはどんな構造になっていたかを、図36に示した。『Chronicle of Aviation』一〇〇〇ページ近い大著に出ていた、たった半ページほどの説明にあった小さな図を元に作ったものである。この本はボストンで見つけた。このように、どんな小さい記載でもボイジャーが出ていたら、たとえ高価で重くても勇躍して買って持って帰る、それが私のボイジャー・コレクションのやり方である。

九八四頁、重さ三キロもある大著で、四九ドル九五セントを四二ドル二六セントに値引きされており、一九九三年三月二八日にボストンのWords Worth Books, Cambridge,MAで購入したとある。沢山の付箋が付けられているので、通読したことが判るが、ボイジャーの

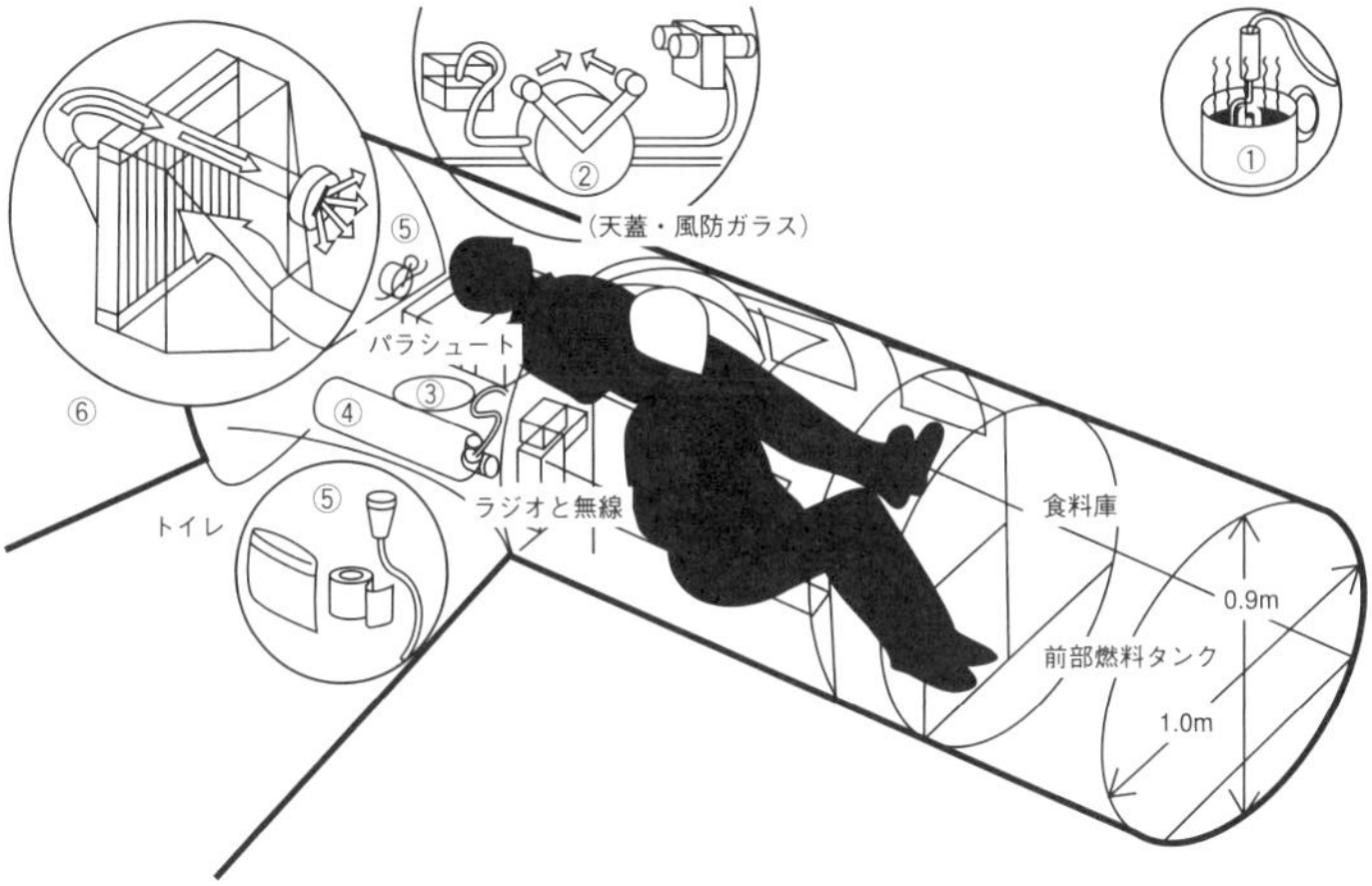

図36　ボイジャーの操縦席

① 温かい食事　：調理済の食品の封をしたパッケージを、後部エンジンの冷却器の上で加熱した。小型の水中投入式のヒーターが液体を温めるのに使われた。
② オイル・ポンプ：心臓の切開手術に使われる小型ポンプの改良型がエンジンにオイルを補給するのに使われた。
③ 水：プラスチックの化粧袋に約3.8リットルの水が入れてあり、それぞれに一つのグラスが付けてあった。
④ 酸素ボンベ：5000m以上の高度で飛ぶ時に供給される。
⑤ トイレット：大便は袋に入れ、主翼の一つに溜める。小便は、胴体の中を通っているチューブにつながったロートを通して排出する。
⑥ 吸い込んだ外の空気を冷却器を通して加熱し、暖い空気をキャビンに送り込む。

解説は八一七頁にあり、ボイジャーを、「A trimaran-configured Magnamite graphite and Hexcel honeycomb Voyager light airplane」と表現しているのは、形態、構造を一言で表現していて面白い。

図36に従って、コックピット内の様子を説明すると、次のようになる。

先ず、室内は⑥のように、吸い込んだ外気を後部エンジンのラジエーター（放熱器）で温めた空気で適温に保たれる。しかし、室内は与圧されておらず、高度五〇〇〇メートル以上になると、酸素マスクをつけて④の酸素ボンベから送られてくる酸素を吸った。しかし、五〇〇〇メートルまでの低圧に耐えるために、パイロットの二人はヒマラヤ登山と同じように、事前に高度馴化の訓練をして飛行に備えた。

次に、水は、約四リットルの水とグラスがプラスチックの袋に入れてあり、それから飲んだ。スープなどの液体の飲み物は、①のように投入式のヒーターで温めた。食事は、調理済の食品を封入したパックを後部エンジンのラジエーターの上に載せて再加熱した。結構な御馳走のメニューだったそうである。

では、二人はどんな食事を摂っていたのか、それを具体的に紹介した文献はないが、幸い私は飛行成功の翌年に東京で開催された記念講演会の際に食品の実物を入手したので、第Ⅲ部「最後の偉大な世界記録」４「太平洋へ」で、写真入りでその紹介をしている。

食べたあとは出す方だが、排泄の〝小〟の方はジョウゴ型の漏斗をあてがって排出し、胴体の中と通っているチューブに流れて、機外に放出される。〝大〟の方はビニール袋に入れて密封し、主翼の一つに溜めておいて持ち帰った。初期の宇宙飛行士の場合と似た方式である。

なお、航研機の場合はどうだったか、細井正吾『赤い翼の世界記録‐日本航空界、初の世界記録樹立から半世紀』（創造書房、一九八八）によると、〝大〟の方は機体の後の方へ行って、お盆のようなものの上に、油紙を置いてその上に排泄し、その油紙ごと飛行機の穴から落とし、〝小〟の方はゴム風船に溜めていたといわれる。

このように二人のパイロットが搭乗したコックピットを収めた中央胴体、二本のブーム、それらを長大な主翼、先尾翼（カナード）で結んで、ボイジャーの独特の形が出来上がったのであり、そのデータは翼幅三三・七メートル、全高三・一四メートル、中央胴体長一七・七四メートル、翼面積三三・七二平方メートル、構造重量一二一七キログラム、世界一周時離陸重量四三九七キログラム、着陸重量一二二四キログラムであった。なお、ここに挙げた重量関係の数値は、『新名機１００・未来機への系譜』（別冊『航空情報』、一九九三）の「ボイジャー・エアクラフト・ボイジャー」に挙げられている数値と異なっているが、〝Voyager The Official Log〟に基づく数値であることをお断りしておく。

無給油・無着陸の長距離飛行では、燃料を効率的に使用し、単位距離当たりの燃料消費量を出来るだけ小さくする。その値に世界一周の距離をかけて、一周に必要な燃料の総量を算出し、それを収容できるタンクを装備できる機体を製作し、構造重量と燃料重量の和、全備重量の機体を持ち上げるだけの揚力を出す離陸速度を決め、それに近い速度で世界一周飛行をする。抵抗は速度の二乗で大きくなるから、ゆっくり飛ぶ方がよいが、あまり遅いと、風のような気象現象の影響を受けやすくなる。そこで、ボイジャーの場合、巡航速度は時速一三〇～二四一キロメートルであった。

こうして、平均時速一八六キロメートルという新幹線並みの速度で、無給油・無着陸で世界一周に成功しボイジャーはどのような協力によって作られ、どのような体制によって支援されたのか、それについての話に移ることにする。

8　市民が飛行機を作る　―ホームビルト機―

1で述べたように、ボイジャー計画を提案したのはバート・ルタンだが、それを実現したのはディック・ルタンとジーナ・イェーガーの二人である。バートが機体の設計を進める一方、ディックとジーナは資金を集めて、自分達の手で機体を作る準備をした。

ボイジャーを「軽量自作機」と呼んだ新聞記事があったことを紹介したが、ホームビルト機の開拓者といわれるバート・ルタンが主導的な役割を果たした計画だから、ボイジャーの機体は当然ながらホームビルト機の手法で製作された。

図37　ホームビルト機の先駆「BD-5」(『Homebuilt Airplanes』CHRONICLE)

バートは、"夢の自作機"と言われたBEDE　BD-5の開発に参画し、これが彼自身の設計によるVariviggen,Varieezeに発展し、ホームビルト機の市場を開拓した。一九七一年に初飛行したBD-5(図37)は、全幅四・三七メートル、全長四・〇六メートル、スノーモビル用エンジン付きの超小型機で、加工済のパーツを組み合わせると、素人でも自宅のガレージで製作して飛行でき、しかも価格は二六〇〇ドルという安さが魅力となり、四〇〇〇機という爆発的な受注を得て、一九七〇年代にホームビルト機というものの存在を定着させた。

それが、一九八〇年代には、ホームビルト機の売上高は工業生産の航空機の売上高を超えるようになったのだから、ホームビルト機がいかに多くの人達に愛されているかが判る。そして、その人達がボイジャーを支援し、実際の製作にも参加し、その延べ人数は数千人に達したというのだから、ボイジャーは〞ホームビルト機の申し子〟だったのである。

ところで、私は一九八六年からボイジャーに関心を持ってはいたが、注目していたのは独特な機体や飛行についてであり、その製作過程については特に興味がなく、ホームビルト機についても知るところが多くなかった。ただ、航空年鑑で有名なJane社による『Jane,s Pocket Book』というシリーズが、これも著名な出版社であるMacmillan社から出ており、その一冊の『Jane,s Pocket Book of Home-built Aircraft』（John W.R.Taylor,1977）を持っていた。小さい本だが、上述のBD‐5、Variviggen,Variezeなどの機体が紹介されており、データ等を知るには手頃である。その後、『Homebuilt Airplanes』（A Prism Edition,Chronicle Books,1979）を入手し、カラー写真と解説によって当時の各種機体の特徴と製作方法を知ることができた。

しかし、ボイジャーの製作がホームビルト機の手法によって進められたことを書くには、もう少し具体的な事例が知りたくなった。そこで調べてみると、私の住む名古屋に近い岐阜県・各務原市にある、かかみがはら航空宇宙博物館で、二〇〇五年、「モノ作り教室・ホームビルト機教室」として、中学生以上の参加者がアメリカのVan's Aircraft社製のホームビルト機RV‐6A機を手作りで製作する教室を開催していた。この教室における製作中の写真を見ると、ホームビルト機の部品とそれを組み合わせて機体を作る工程が判り、〞飛行機

図38　名古屋大学航空部OBが製作したホームビルト機

の手作り“について具体的なイメージが湧いてくる。ただ、惜しいことに、このＲＶ‐６Ａという機体は全金属製であり、炭素複合材料で作られたボイジャーとは製作方法が異なっている。

その点では、名古屋大学航空部のＯＢで、オーストラリアのブリスベンの近郊に在住の増田興司氏が製作したオーストラリア製のホームビルト機はオールグラスファイバーのキットで、よりボイジャーに近い。そこで、増田氏に連絡して情報を提供していただいた。先ず、ホームビルト機の名前はJabiru Aircraft社（ジャビル、朱鷺に似た鳥の名前）Ｊ２００であり、二〇〇三年七月に製作に着手して、翌年の三月九日に耐空検査を受け、一一日に初飛行をされたという。完成した機体とエンジン取り付け前の胴体の写真（前頁図38）を見ると、ホームビルト機はどんなものか、身近に思えてくる。

ところで、私個人として興味深かったのは、このホームビルト機のメーカーJabiru社の所在地がブリスベンの少し北にあるバンダバーグであったことである。というのは、私は一九六三年一〇月から一年半、研究のためにシドニーに滞在し、国立研究機関の飛行機に乗って雲や気流の観測をし、一九六四年二月に約一ヶ月半、バンダバーグ飛行場を拠点にして観測したことがあったからである。当時の観測専用機は観測機器を装備したダグラスＤＣ‐３であり、熱帯圏に近い海上を超低空で飛んで、海面からの蒸発量を測定した。窓の外には、手が届くほどの近さで浪が走り、名物のサメやウミガメが泳いでいるのが形までくっきりと見える、そんな思い出がバンダバーグという地名から湧く、これも私の航空物語の一駒である。

さて、ボイジャーに話をもどすと、アメリカにはそのようなホームビルト機のファンが数千人もいて、ボランティアとしてボイジャーを製作したのだが、二七頁の図4に示したような炭素繊維のクロスとハニカム状の紙とを樹脂で接着する作業は注意深く行う必要があり、『Voyager』の82頁にはその苦労が次のように書かれている。

「ハニカムの紙は、ちょっとした風に吹かれても凹みやすく、それが形を変える結果となり、見た眼には傷がないように見えるが、いったん押し潰されると、ハニカム構造の強度は大部分失われてしまう。そんな危険があるために、製作中のボイジャーの機体の周りには、不注意な見学者が近寄らないようにしてあった。」

図39はそのような注意深い機体の組立作業の写真であり、そんな作業がモハービ空港にある77格納庫で二年以上も、ディック、ジーナ始め多くのボランティアの手によって進められ、最後にはディックとジーナの両親まで参加して続けられた結果、ボイジャーは完成された。この間の作業の様子は、『Voyager』や『Frontier of Flight』の写真によって知ることが出来る。

さて、機体完成の日を迎える前にディックとジーナが苦労したのは、製作費用の百万ドルを集めることであった。募金のために各地で講演の巡業を行うとともに、スポンサーを探したが、大手の会社はボイジャーの飛行に不安を持っていて、費用の支援を引き受けようとは

図39　ボイジャーの機体はこのように製作された（『VOYAGER』KNOPF）

しなかった。そんな時期の興味深いエピソードが『Voyager』に出ている（六〇～六一頁）。ディックとジーナは、アメリカ人がボイジャー計画のスポンサーにならなくても、他の地域からの支援は期待できると考え、日本の有力な宣伝企業と親密な関係を持つようになり、必要な資金五〇万ドルを支援する契約を結ぼうとしていた。

図40　ワシントンの航空宇宙博物館、
ライト兄弟のフライヤー機など（著者撮影）

一九八二年の秋、そんな契約のサインをしようとしていた直前に、バートがワシントンにある国立航空宇宙博物館（The National Air and Space Museum）の権威あるリンドバーグ講演に招待された。この博物館は、人類初の航空史を飾る飛行機が展示され、生徒、国内、外国の観光客合わせて年間一〇〇〇万人の入

図40　ワシントンの航空宇宙博物館、ライト兄弟のフライヤー機など（著者撮影）

場者がある。そんな館内を講演の前にバート、ディック、ジーナの三人は連れ立って歩き、"飛行の記念碑ホール"（Milestone of Flight Hall）を通って、リンドバーグの大西洋横断機"スピリット・オブ・セントルイス"を過ぎ、一九〇三年に世界最初の飛行に成功したライト兄弟のフライヤー（Wright Flyer）のカナード（先尾翼）を持つ機体（図40）の下を通った時に、彼等は思った。「世界一周に成功すれば、ボイジャーはここに展示されるに違いない。そこで、ここに展示されている記念碑的なアメリカの飛行機の中には、外国の支援ではなく、アメリカ人だけによって作られた飛行機を吊したい。」そう思って、彼等は契約の提案を断ることに決め、プロジェクトの資金調達を別のやり方でやってみることにしたのである。なお、後で述べるように、彼等の予想どおり、世界一周の成功後ボイジャーの機体は博物館の一階中央に展示された。

こんな訳で、ディックとジーナは募金の戦術を大口から小口に変えることに決め、良い寄付者であれば、個人、グループ、団体の別なく募金を呼びかけ、最終的には、ボイジャーの資金の大部分は飛行機仲間の個人から集まった。こうして労力だけでなく、資金まで市民が提供したのだが、最後の段階で、企業も協力した。

ハーキュルス社（Hercules,Inc.）が機体の材料の九〇%に当たる炭素複合材料を提供したが、テレダイン・コンチネンタル社（Teledyne Continental）は前後両方のエンジンを提供し、ボイジャーの成功によって社名を有名にした。また、キング・ラジオ社（King Radio）が航空用電子機器を、モビル社（Mobil）が燃料とオイルを提供したのである。

このような基金と資材の調達に努力している間のある時点で、ジーナは自分達の飛行機に"ボイジャー"（航海者）という名前を付けたのである。

一方、一九八二年から、ボランティアの人達はモハービ（Mojave）空港にある77格納庫の中で機体製作の厳しい作業を続け、『Frontiers of Flight』には作業の写真が出ているが、それを見ると、主翼の塗装は上面だけにして、機体の軽量化をはかったことが判る。このような製作を続けた結果、ボイジャーは次第に形を取り始め、一九八四年の六月には、二年間に及ぶテスト飛行が始められた。

第Ⅲ部　最後の偉大な世界記録

1　ボイジャーを見て

一九八六年一二月、無給油・無着陸で世界一周の飛行に成功したボイジャーの機体は、一九八七年一月にエドワーズ基地で公開された後、現在、ワシントンにある国立航空宇宙博物館（National Air and Space Museum）に保管、展示されている。それも、入館してすぐの"Milestones of Flight"（飛行の記念碑）という大ホールに、図41（上）のようにライト兄弟のフライヤー号、リンドバーグのスピリット・オブ・セントルイスなどとともに展示されている。第Ⅱ部8で述べたように、一九八二年にバート、ディック、ジーナの三人がそこを通った時に予想したとおりであった。それほど偉大な記録を樹立した機体だったのである。

私がそこを初めて訪れたのは、一九八九年五月二五日で、ボルチモアで開催された国際水文科学協会（ＩＡＨＳ）の大会に出席した後、ワシントンに行った時である。その時の印象を、当時、私が担当していたＮＨＫラジオのＮＨＫジャーナル・マイクコラムという番組（四分間）で、次のように話した。

「私の大好きなボイジャーを見るために、スミソニアン航空宇宙博物館を訪れて来ました。世界デザイン博覧会（一九八九年七月一五日～一一月二六日）で見られると楽しみにし

図41　展示されているボイジャー、汚れた翼（左下）とちぎれた先端部（右下）（著者撮影）

ていたのに、それが来ないことになったので、実物を見たいと思ったからです。玄関に入ってすぐの大ホールに低く吊るされているボイジャーを間近に眺め、特に離陸の時にちぎれた翼端の生々しい傷跡を見上げて感動しました。(図41右下)

そして、「アア、これは博物館の新しい目玉になっている。これでは、日本に持って来るのは無理だ」ということがよく判りました。この大事な機体を輸送の途中に壊したら大変だし、また持ち出しによって生じる展示の空白を避けたいという館側の気持がよく理解できたのです。

ボイジャーを見上げている子供達の一団、沢山の親子連れの姿を見ていると、航空、宇宙の歴史を作った名機の実物を見ることによって、「自分も、アドベンチャーの夢を持って、チャレンジしよう」と思い、そこからアメリカのフロンテイア・スピリットが湧いてくるような気がしました。

つまり、"文明の実物教育"によって、次の文明の担い手を育てる、そんなアメリカの仕掛けを日本も学びたい、と思いました。」

このようにNHKの番組で話したのは、航空宇宙博物館は、ワシントン記念塔から国会議事堂までの広大な緑地帯に並んでいる九つのスミソニアン博物館グループの一つで、これらの博物館を見ることによって、アメリカの自然、歴史、科学技術を学べるようになっているからである。

その後、一九九三年の四月に私が再訪した時には、ボイジャーの飛行に関する説明のパネルなども増えて、展示が一層充実していた。図41はその時に撮った写真である。

この博物館については、"The National Air and Space Museum"（C.D.B.Bryan, Abradale Press, second edition 1992）という大版、総アート四九七頁、厚さ四・五センチ、重さ二・八キロ、という大部の紹介書があり、展示されているボイジャーの写真とともに、三頁にわたって飛行の記載がある。

また、この博物館が出している Smithsonian Books, Washington DCの一冊に、Jeffrey L. Ethellによる Smithsonian "Frontiers of Flight"（飛行のフロンテイア）があり、表紙に、アメリカ大陸から太平洋に乗り出すボイジャーの写真を飾るとともに、二三〇―二四七頁に、"The Last Great World Record"（最後の偉大な世界記録）というボイジャーの章がある。多くのカラー写真とともに、計画の発端から成功に至るまで経緯が記載されているので、私は全文を訳出したが、飛行の全体を知るには絶好の資料であり、その中のホームビルト機に関する記載を第Ⅱ部2の始めに引用した。

一方、ボイジャーの記録と報告としては、ジーナとディックを主著者とし、Phil Pattonが協力した本、"Voyager"（Alfred A. Knopf, New York, 1987）、B5版　三三七頁、カラー写真四頁、モノクロ写真二〇頁、がある。私はその刊行を知って、一九八八年八月一五日、サンフランシスコに滞在中の杉本敦子さんに頼んで、入手した。後にジーナが来日した時にしてもらったサイン入りである。通読して、要点をメモし、上述の全訳資料に記載のない事項の部分を訳して、記録の補足とした。

なお、この本の写真ページには、モハビの格納庫の中で、完成した機体の前にボイジャーのクルー全員がラフなスタイルで並んだ記念写真(図42)が出ている。二人のパイロットを囲んで地上クルー、ミッション・コントロールのメンバー、総勢一八人、この人達が世界一周を支えたわけであり、中でも、ディックがジーナの後に立って腕を回している姿が目につく。

これらの資料を参考にして、ボイジャーの出発から世界一周飛行成功の経緯を語ることにしよう。

2　飛行のコースと時期 ― 最良ではなく最悪 ―

一九八六年に入ると、飛行の支援グループが結成され、事務局、気象、通信、技術、広報などの担当が決まった。

先ず、気象学者四人を含む気象担当グループは、飛行の時期、コースを検討し、その経過は "Voyager" Official Log(1986)に　次のように書かれているが、ボイジャーの実施本部(ミッション・コントロール・ Voyager Mission Control) の気象担当グループが先ず強調

図42　これがボイジャー・クルー、中央にジーナとディック（『VOYAGER』KNOPF）

しているのは、ボイジャーの飛行は　コースも時期も最良どころか、最悪といってよいほどだったことである。そして、それだけパイロットの苦労が大きかった訳である。

第Ⅱ部7で述べたように、ボイジャーの操縦席は軽くするために、気密室による与圧をしてないので、五〇〇〇メートルの高度で初めて酸素マスクを使うようになっているため、飛行高度は一〇〇〇～二〇〇〇メートルであり、メキシコ付近で後部エンジンがエンストを起こした時は高度二四〇〇メートルで飛行中のところ、一〇〇〇メートルまで高度が落ちたほど、低く飛んでいる。

これに対して、ジェット旅客機は高度一万メートル付近を飛ぶので、ヨーロッパから日本へ東に向かうと、上空の偏西風が追い風になり、飛行時間が短くなる。だから、2で述べた一九

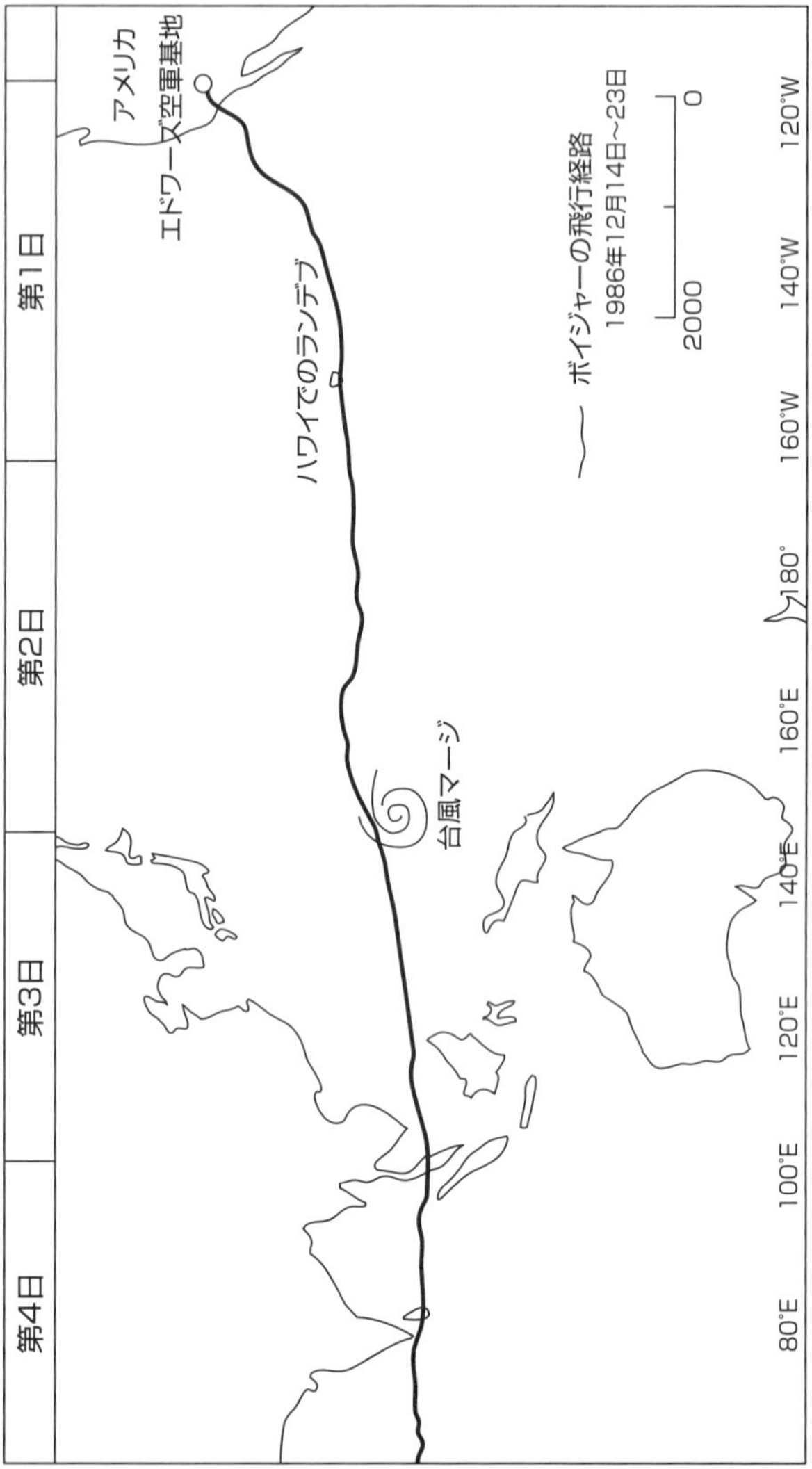

図43A　世界一周飛行コース図

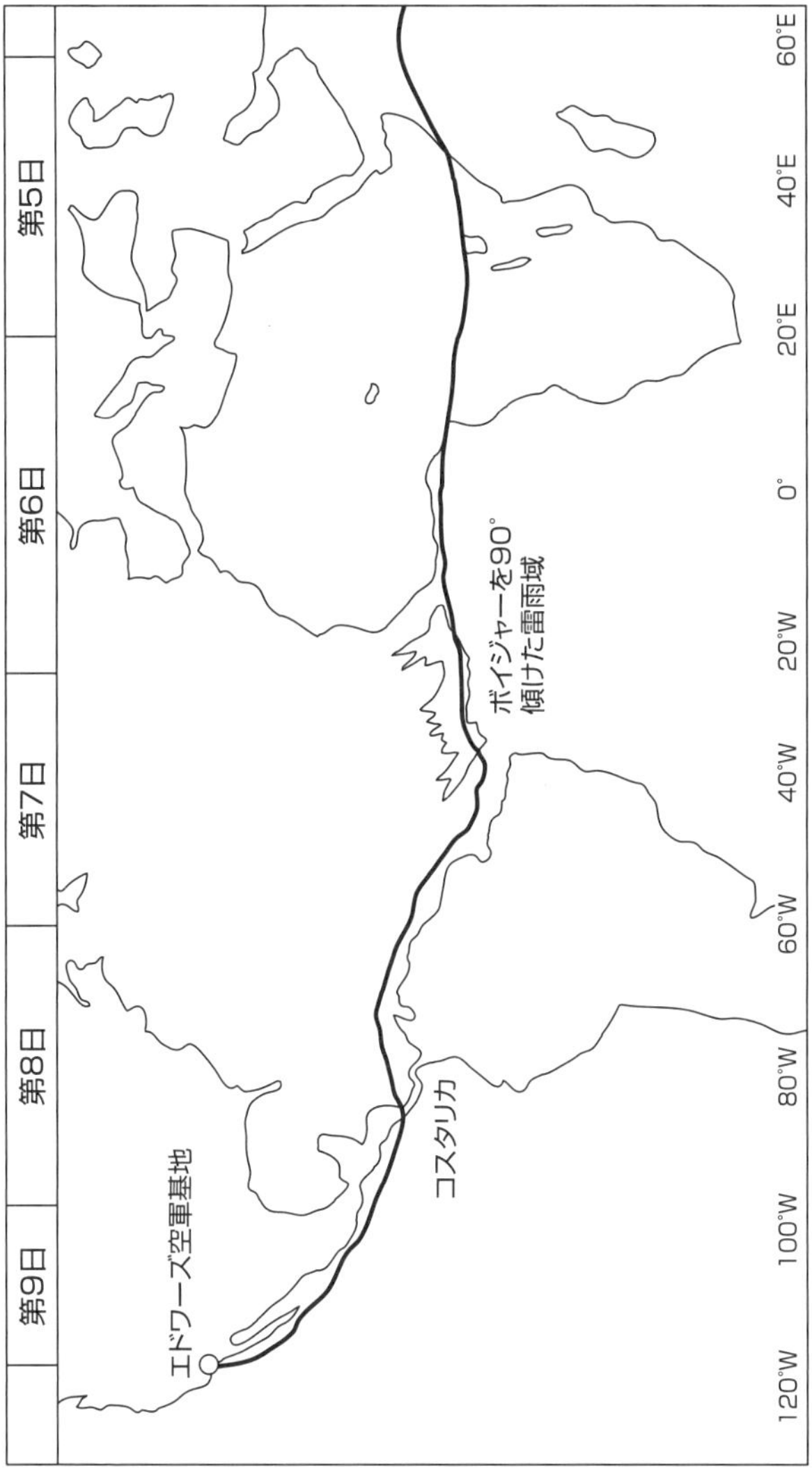

図43B　世界一周飛行コース図

六二年に地球半周の世界記録を作ったボーイングB52Hは高高度を飛ぶジェット機なので、日本からスペインへの東周りのコースを取っている。

これに較べると、ボイジャーのように低い高度で飛行すると、地上付近の気象現象の影響を受けやすい。そこで、気象担当グループは、低く飛ぶ場合に最良のコースは赤道の少し南、南緯一〇度〜二〇度で定常的に吹く貿易風を追い風に利用して、主として海上を飛ぶコースであると判断していた。そして、時期としては、夜間飛行に有利な月光のある六月〜八月がよいと、考えていた。

しかし、いろいろな事情のために、現実の飛行は一二月に、図43A、Bのようなコースで実施された。気象現象としては、ここにも記入してあるように、マーシャル群島の北で台風マージに遭遇した。この時、気象担当グループは、台風の北側に吹く風を追い風として利用するため、出来るだけ台風の近くを飛ぶように指令を出した。そこで、操縦していたディックは積乱雲の乱気流と闘う結果となったが、この追い風は、ボイジャーの対地速度を時速一九〇キロメートルから二三〇キロメートルに増加させて、燃料消費を減らすことが出来た。

全行程における追い風の効果は、平均すると時速一五・六キロメートルだとされているので、台風の効果は平均の二・五倍だった訳で、こんな形で、気象担当グループはボイジャーの飛行を支え続けたのである。

ミッション・コントロール（Voyager Mission Control）には、Larry Caskeyを全体の指

揮者として、Snellmanが指揮者である気象グループ，Rietzkeが指揮者である通信グループ，Norrisが指揮者である技術グループの他、オペレーション、医学、広報などのグループがあった。なお、"Voyager :The Official Log"の著者はNorrisである。

オペレーション・グループの大事な仕事の一つは、ボイジャーに付き添って飛ぶ伴走機によって、パイロット、機体の状態を観察することである。一二月一四日、ボイジャーは離陸の際に翼の先端を滑走路で擦って、ウイングレットという先端部分を失ったが、その時にバートとオペレーション・グループのメンバーは伴送機に乗って、翼の状況を観察し、破損の程度、燃料漏れの有無を確認して飛行継続の判断を与えた。

その様子は世界一周飛行の映像による記録　"Voyager　Highlight"　というビデオ（五八分）に収録されており、離陸の際に傷がついた翼端が飛行中に揺さぶられ、ついにちぎれてゆく瞬間を、伴走機からクローズアップで撮影した迫力あるシーンは、伴走機の役割の大きさを実感させる。

このような伴走機は、当初は全コースを飛ばせる計画だったが、予算の不足から飛行は離陸直後、中間点付近、着陸直前に限られることになった。しかし、後で述べるように、中間点の手前であるマレー半島付近でボイジャーとのランデブーをする予定の伴走機に対して、タイ国の機関は離陸許可を与えず、結局ランデブーができたのは、ボイジャーがアラビア海上空の中間点を超え、アフリカに入って、ケニアに近付く離陸後五日目であった。

伴走機は並行して飛びつつ、燃料漏れなどを点検するとともに、前後二つのエンジンによる飛行のテストの観察などを行い、すべて良好であることをパイロットに知らせて、疲れ果てている二人のパイロットを勇気づけたのである。

このようなミッション・コントロールの下で機体の製作と飛行の準備を進めた結果、一九八四年六月二二日、ボイジャーは遂に初飛行の日を迎えた。搭乗したのはディックだけで、次の五分間に何が起こるか、判らないと思いつつ、エンジンの回転を上げるスロットル（絞り弁）を前に押したという。高度が三〇メートルに達した時、ディックは初めて窓から滑走路に映るボイジャーの影を見て、有名になるセリフを吐いた。「"Holy banana"（オー、バナナ様！）。あの影を見ろよ。俺たちは何てことやっちまったんだ！」。伴走機に乗って、この言葉を聞いたジーナは、「注意して操縦してよ」、と彼に呼びかけた。一方、Mike Melvillはボイジャーの下に伴走機を飛ばせて、エンジンからの油漏れに気付いたので、ディックに操縦の指示を与えた。このような四〇分間の処女飛行を終えて、ボイジャーが着陸すると、ジーナは駆け寄って操縦席によじ登り、二人で機体を格納庫まで移動させた。

初飛行とそれに続く六七回に及ぶテスト飛行によって、ボイジャーの操縦がどんなに難しいかが明らかとなってきた。そんな飛行機で世界一周することの困難さが大きなプレッシャーとなり、その上に募金の苦労が加わって、チーム・メンバーの間には緊張が高まり、ディックとジーナの間にも溝ができ、とうとう彼等のロマンスは終わりを告げ、ついに別れてしまった。そんな二人の仲をバートは心配したが、二人がボイジャーの飛行についてパイロットとして協力してゆくことに変わりはなかった。

そんな二人の操縦によって、一九八六年七月、ボイジャーはサン・フランシスコからカリフォルニア州南部の空軍基地までの周回コースを四日半で二〇周して、一万八六六九キロメートルを飛び、周回コースによる飛行距離の世界新記録を作った。そのニュースは、日本でも、朝日（一九八六年七月一六日夕刊）に「こちら無着陸の新記録 - 新設計の特殊機で米上空を飛び続け一万八六六九キロ」という見出しで、ボイジャーの写真入りの記事によって報じられた。ちなみに航研機の記録は一万一六五一キロメートルである。

この記事には、「一〇日午後二時五二分にバンダバーク基地から飛びあがり、無着陸飛行約一万八六六九キロ、継続飛行時間一一一時間四四分の新記録をつくった。これまでの最長無着陸飛行記録は、B52爆撃機による一万八二四五キロ余。ボイジャーは、マグナマイトと呼ばれる軽い炭素系の合成材料で作られており、翼の端から端まで三三メートル。総重量は僅か四二六キロ。エンジンは機首と尾部に一つずつ。総工費百万ドル（約一億六千万円）で、五年がかりで完成した。」と、機体の概要まで書かれており、これが、日本におけるボイジャーの初登場であった。

この長時間にわたる周回飛行で明らかになったのは、機内の騒音問題である。そのストレスもあって、ジーナは着陸直後の記者会見で気を失ったほどだったので、騒音を音波で打ち消すイヤホンが装備された。

一方、気象担当グループは、九月が飛行にはベストの好天期と判断していたので、それに向けて準備が進められたが、九月三〇日のテスト飛行で前部エンジンが異常振動を起こし、プロペラの羽根が飛んでしまうという事故が起こった。そこで、木製のプロペラを金属製に交換する修理をしたため、九月頃の好天期に飛行することは不可能となった。しかし、金属製のプロペラは燃料の効率を向上させ、飛行を成功に導くというプラスの効果もあった。

一二月になると、ボイジャーは再び飛べるようになったが、飛行コース上の気象条件は九月よりずっと悪くなった。そこで、コースを赤道の南寄りから北寄りに変え、飛行距離を一、二一〇キロメートル短縮できるようにした。また、ミッション・コントロールでは、気象情報を常に提供するとともに、燃料消費、出力調整などのアドバイスを無線によって与える体制を整えた。

3　いざ出発 ― 翼端が破損

ボイジャーが出発したのは、一九八六年一二月一四日で、その前日の一二月一三日の午後に、ボイジャーをモハビから出発点のエドワーズ空軍基地に移動させ、一四日朝の出発に向けて、徹夜で準備が進められた。

野外に置いてある機体の翼の上面には霜が付いて、その除去には熱風で解かしたり、布で拭く作業が続けられ、そのため出発が一時間半遅れたという。そんな作業の写真(次頁図44)の説明には、翼の上面に取り付けられた沢山の小さい羽根を布で拭く時に壊さないように特に注意したと書かれている。この小さい羽根は、加藤寛一郎著『隠された飛行の秘密』(講談社、一九九四)に原理が述べられているように、翼の表面における空気の流れを層流から乱流に変えて翼の抵抗を減らす効果をもつ装置で、テスト飛行の後で取り付けられたとあるが、そんな工夫がされていたとは他の資料では見なかったので、その意味でこの写真は貴重な記録である。

さて、長距離記録飛行では、離陸が最初の難関である。というのは、出来るだけ多くの燃料を搭載して飛び上がるのだから、機体に無理がかかるし、操縦するのも難しいので、離陸に失敗した例が多い。一九一九年、ニューヨークの富豪レイモンド・オルテイグがニューヨーク～パリ無着陸飛行に二万五〇〇〇ドルの賞金を出すと発表して以来、大西洋横断飛行を目指した飛行家は多く、一九二七年のリンドバーグによる成功以前に、五名、いずれも優秀な飛行家が優れた飛行機で挑戦したが、このうち二人が離陸に失敗し、犠牲者まで出している。

一九二七年五月二〇日の朝、チャールズ・A・リンドバーグが乗機ライアンNPY-1"スピリット・オブ・セントルイス"でニューヨークのルーズベルト飛行場を離陸した時に

図44　出発直前、翼についた霜を熱気で解かす（『VOYAGER』KNOPF）

図45　翼の端に垂直に立っているのがウイングレット

も、当時の映像に見ると、上昇の角度が緩やかで、滑走路の向こうにある電線に接触するのではないか、とハッとするような離陸であった。

一九八六年一二月一四日午前八時ちょっと過ぎに離陸したボイジャーの場合も、一九八六年一二月一五日のワシントン・ポストが"Wings Are Clipped, But Voyager Is Aloft"（翼が切り取られた、しかしボイジャーは舞い上がった）という大見出しで、滑走する機体の写真入りで報じたように、翼内のタンクに燃料を満載した翼は下向きに大きく弓なりにしなり、翼端が滑走路を擦り、ウイングレットを破損した。ウイングレットとは、図45に示したように、翼の端に取り付けた垂直な翼で、バートがそれまで設計した機体にも付いており、七二頁の図21に示した誘導抵抗を減らす効果がある。

翼端が滑走路を擦ったのは、六七回に及ぶテスト飛行で一度もなかった事態であったが、燃料を満載にした離陸で初めて起こった。この時の離陸に際して、ボイジャーは低速では操縦が難しい機体なので、ある程度の速度がつくまでは機体が浮き上がらないように、翼の迎え角（空気の流れに対する翼の角度）を下向きに設定してあった。つまり翼を気流が上から押さえつけるような状態だったので、翼は下向きの弓なりにしなって、翼端が滑走路に接触したのである。

弓なりの様子は滑走するボイジャーを上から撮った写真（一一九頁、図46）でよく判るが、地上で離陸を見送る二〇〇人の関係者、親族の誰もが接触の事態に驚いて見守るなか、滑走路の端ギリギリのところで速度が時速一七〇キロメートルに達した時に翼に揚力が働き、下向きの弓なりであった翼がビューンと上向きに反って機体は浮かび上がった。幸いなことに操縦席のディックとジーナから翼端が見えないので、二人は接触の事態に気付かなかった。

ディックは、離陸して、乾いた湖底の上を旋回して高度一九五〇メートルに達したところで、一緒に飛び立った双発の伴走機に乗っているバートから翼の先端部の破損を教えられた。しかし彼は冷静に「僕からも見える」と答えた。そこで、バートとマイク・メルビルは、ボイジャーの下を飛びながら、破損の状況を点検し、燃料漏れがないことを確認した後、ディックが破損した部分が千切れるように横滑りの飛行をしているうちに、両方のウイングレットがともにヒラヒラと飛んでしまい、関係者一同をホッとさせた。

この翼端が千切れてゆく様子は、第Ⅲ部2の始めに述べたように、ビデオ記録"Voyager Highlight"で見ることができるが、伴走機からクローズアップで撮影した映像は緊張の一瞬を感じさせる。"Voyager"には、世界一周を終えて操縦席から下りたディックがその千切れた部分を点検している写真が出ているが、その心中は思いやることができる。そして、破損した部分の実物は、図41右下の写真のように、航空宇宙博物館で見ることが出来るし、千切れた部分も地上に落ちたのを拾った人から届けられて、展示されている。

こうして両翼のウイングレットを失ったことによって、機体の抵抗は一五％増加し、燃料

図46　離陸直前のボイジャー、翼が下向きに弓なりにそっている
（『VOYAGER』KNOPF）

図47　伴送機とともに太平洋へ乗り出すボイジャー

の消費は一・六%ほど増えると考えられたが、許容範囲内だったので、飛行の継続が決定され、ボイジャーは太平洋へと乗り出した（図47）。

バート達は出来るだけ伴走を続けたかったが、燃料の限界ギリギリまで2時間の洋上飛行の後に、互いに手を振り合ってディック達に別れを告げた。

4　太平洋へ ― 台風マージ

太平洋上に出ると、一一八～一一九頁図43A、Bのように、ボイジャーは南西から西に進路を取り、ハワイのヒロの南方で単発の伴走機パイパー・サラトガとのランデブを果たし、航行システムが正確に作動しているか、チェックをおこなった。ボイジャーにはGPS（衛星利用測位システム）によって自動的に予定のコースを飛べる優秀なオメガ航法システムが装備されていたが、連絡通りの位置でランデブに成功したことで、航法装置が正常に働いていることが確認された。ただ遭遇が夜間であったため、パイロット達は顔を合わせることもなく、伴走機はホノルルへ帰って行った。

離陸してから2日間、ディックは操縦席に座り、その傍らでジーナは横になって通信を受け持っていた。では、彼等はどんな食事を摂っていたのか。先に挙げた文献には詳しい記載がないが、幸い私は食品の実物で知ることができたので紹介したい。

世界一周に成功した翌年一九八七年の三月八日、ディックとジーナが来日して開催された記念講演会「ロマンと冒険を求めて」については後に述べるが、同時に開催中の「ボイジャー全記録展」会場の売り場では、飛行中の機内食などボイジャー・グッズが売られていた。食品は、ボイジャーの「公認栄養コンサルタント」に指名されたシャクリー社（サンフランシスコ）の製品であり、一九八七年三月二日のプレスリリースによると、機内食は次のようにして作製された。

まず、十分なエネルギーとバランスのとれた栄養を供給するとともに、第Ⅰ部3で述べたように狭いコックピット（九七頁、図36）の中で食事の準備がし易く、軽量で場所をとらない物であることが要求される。そこで、シャクリー社の科学技術担当上級副社長のスカラ博士が担当の医師ジュテイラ博士と共同で研究し、その結果、補給食品としてボイジャーに積み込まれたのは次のような食品であった。

次頁図48の写真（上・左）のボイジャー・スープは、特別に用意されたチキンと豆のインスタント・クリームで、チキンスープはスリムプランのクリーム・オブ・チキンスープ味からハーブとスパイスを除き、乾燥チキンを増やしたもので、豆スープはディックの好物の豆を栄養学的・微生物学的に分析し、乾燥えんどう豆を使って開発された。

次頁図48の写真（上・右）のボイジャー・・シェイクは、ボイジャーの絵のある包装の中に、写真（下）のような二種類のシエイクが入っており、機内には牛乳を持ち込めないいため、予め粉末牛乳をミックスしたバニラ味とストローベリー味の二種類のミールシェイクであり、普通のミールシェイクは二三〇カロリーだが、これは飛行用に二七〇カロリーと高カロリーにしてある。

その他、補助食品として持ち込まれたビタ・バー（図48下）は、栄養の供給とともに、食欲をそそる香りや、噛むことによる満足感も与えてくれ、ディックは「ボイジャーの使命を果たすのに必要なノンストップの忍耐力、持久力を授けてくれる補助食品」と賞讃したという。これらの食品は、「全記録展」の会場で売られていたので、買い求めて持っており、今回　写真に収めた。

また、シャクリー社の科学スタッフは、NASA（米国航空宇宙局）の栄養学者たちと協力して研究を重ね、乗組員の1日の摂取カロリーや、水分摂取量の目安を設定した。試験飛行の際にジーナが脱水症状を起こしたので、水分量については特に注意を払い、ディックは、一日二二〇〇カロリー、二・二リットルの水分を、ジーナは一日一七〇〇カロリー、一・六リットルの水分を摂取することにした。

そのほか、シャクリー社は、乗組員が出来るだけ清潔に過ごせるように、キャビン内の温度や湿度、飛行機の高度などを考慮して、無香料で拭き落すタイプの、髪と肌のためのクレンジングクリームと全身ボディーローションを開発し、衛生面でも協力したという。

ところで、航研機の搭乗員は何を食べていていたか、もちろん、時代、国情の違いがある

図48　ボイジャーの機内食・スープ材料・補助食品（著者撮影）

ので比較にはならないが、長距離飛行における食料対策の例として紹介したい。

細井正吾「赤い翼の世界記録」（一九八八）に詳しい記録が写真と共に掲載されているが、三名の搭乗員が約二日半の飛行中に食べた主食は、海苔巻きずし六食、サンドイッチ六食、梅酢まぜもち米一・五食だが、真空パックや冷蔵庫が普及していなかった当時は、飛行の前日に東京で調理した糧食を飛行場のある木更津まで一〇時間かけて運んだという。

他に小型乾パン三袋、蜜柑二五個、リンゴ一〇個、バナナ一四本、葡萄酒四三ＣＣを一五本、シャンペン三六〇ＣＣを二本、リンゴ汁五四〇グラムを二・五本、葡萄汁九〇〇ＣＣを一本などが摂取されたが、清水七・二五リットルは飲用のほか、洗顔手洗いにも少し使用された。面白いのは日本酒四三ＣＣ三〇本が飲用ではなく、機械拭用に使用されたことである。

藤田雄蔵中佐の手記によると、一番使ったのは清水で非常にうまかったそうだが、長時間の飛行における水分摂取の重要性を示している。また、チューインガムは積み込んだ一〇個のうち八個を消費しているが、藤田の手記には、飛行機から時々表を見るために操縦席の戸を開けたり閉めたりすると、気圧が変わって耳がガーガーするので、チューインガムを噛んでいると、あごの筋肉を動かすために耳が痛くなかったとあるのは、前方視界ゼロの航研機の操縦席による苦労を具体的に語ると共に、ボイジャーの場合でも、ディックが補助食品をノンストップの忍耐力と持久力を授けてくれたと称賛したことと共通性があって興味深い。

このような機内生活を送りながら、ディックとジーナは、図43のように、太平洋上、北緯二〇度～一五度の地域を高度約二〇〇〇メートルで飛行したのだが、風向は貿易風と呼ばれる東風であり、ボイジャーはこれを追い風として利用した。そして離陸後二日目の一二月一五日の夜に台風マージに遭遇することになる。

日本では、台風というと秋に西から東へ日本列島に襲来するように思われがちだが、熱帯付近では台風は年間を通じて発生し、低緯度では東からの貿易風によって東から西へ流される。そのため、東風が加速される台風の北側が危険域となるが、気象衛星の映像によって台風マージの位置を知ったミッション・コントロールの気象担当グループはこの風を利用するために、ディックに台風の北側を飛行するよう指令した。その結果、そこではボイジャーの対地時速が一九〇キロメートルから二三〇キロメートルに増加し、燃料消費を減らすことに成功した。

後で述べるように、飛行成功後に東京で開催された記念講演会「ロマンと冒険を求めて」に出席したディックが、飛行中の気象条件に関する私の質問に答えて、「台風マージの周辺を飛行する時には、気象衛星「ひまわり」の情報に助けられ、日本に感謝している」と答えたのは、このためである。

こうして、燃料節減には成功したが、そんな強風域を飛ぶディックにとっては、台風を廻る積乱雲や巻雲を見上げつつ、雲間の乱気流の中を操縦するという苦難の飛行となった。そのため、疲れ切ったディックは強風域を抜け出したところで、操縦をジーナに交替してもらった。離陸後二日以上にわたって続けた操縦の後である。

しかし、ジーナの方は、それまで横になっており、窓から外を見ることが出来ないために、外の状況が判らず、激しいエア・シック（飛行酔い）に陥っていた。それを知ったミッション・コントロールの担当医たちはジーナの交替を心配したが、ディックは休息を必要としていたので、ジーナは約六時間の飛行を担当し、一二月一六日、フイリッピン上空を通過した。

こうしてボイジャーが太平洋を横断し、マライ半島を通過する時に、伴走機が遭遇する計画であった。機体破損のその後の状況、燃料漏れの有無などを確認するとともに、疲れ果てている二人のパイロットに仲間の顔を見せて、勇気付けるためである。そこで、伴走機が派遣され、マライ半島の西岸にあるコタバル空港から離陸する予定だったが、この空港に降りられなくなったので、タイのハットヤイ空港に着陸した。しかし、この空港には軍用機も発着するため、離陸手続きが面倒で伴走機は離陸できず、付近を通過するボイジャーとは、無線で連絡するだけに終わった。

しかし、インド洋に入り、四日目になると、時速二八キロメートルの追い風がディックとジーナの気分を回復させ、アフリカに近いアラビア海の上空で、彼等は飛行コースの中間点を越えた。

5　アフリカ上空 ― 燃料問題と伴走機

ボイジャーが中間点を過ぎてアフリカに近付く頃、大きな問題としてパイロットとミッション・コントロールの全員を苦しめたのは、燃料問題であった。飛行距離が飛行コースの半分であるのに、燃料の残量が少な過ぎることに疑問が出てきたからである。

まず、パイロットの二人が気付いたのは、操縦によって感じる機体の重さであった。ボイジャーの高度を上げる時の機体の上昇率が、残った燃料と機体の重量を合計した全重量から計算した値より小さかった。つまり　思ったより機体が重い、すなわち燃料が多く残っている可能性が出てきたのである。

そこで疑問視されたのは、燃料の消費量を示す計器の信頼性であった。何しろ燃料タンクは一七個もあって、二七頁図4の左上に示したように分散しており、燃料はそれぞれのタンクをプラスチック・チューブでつないだ燃料供給システムを通ってエンジンに供給されるのだが、その操作にパイロットは飛行時間の半分以上を費やしたとされるほど複雑なシステムであった。

そんなチューブの燃料の流れ方を泡の動きで観察していたディックは、燃料が正しく流れないで、一部はタンクに戻っているという結論に達した。これを聞いたミッション・コントロールでは燃料流量を示すメーターの作動について検討し、燃料がチューブを通じてタンクから出ても、タンクへ戻っても、流量計は同じように作動している、すなわちタンクに戻った分も消費したように記録されていたという結論に達した。「我々は　思ったより多く燃料を持っているゾ！」凱歌は空中と地上の両方で挙がった。

では、どれ位残っているのか。紙上の計算では、約四五五キログラムの燃料を〝取り戻した〟ことになるが、それは正しいのか、その結論を確かめる唯一の方法は、伴走機を並んで飛ばせ、ボイジャーの飛び方を観察して、機体の重量を推定する以外の手段はない。

そこで、離陸後五日目の一二月八日、ボイジャーがアフリカ東岸のケニアを飛行中に、首都ナイロビの空港から伴走機を飛ばせて、ランデブーに成功した。搭乗した五人のチーム・メンバーは、二つの飛行機を並行して飛ばせつつ、ボイジャーの上昇率が一つのエンジンで飛ぶ場合と二つのエンジンで飛ぶ場合でどう違うかを比較したり、翼の迎角を変えることによる飛行速度の増減の割合などを測定した結果、エンジンの作動は完璧であり、一方機体の総重量から推定すると、燃料は一周飛行を終えるに十分残っているという結論を得て、二人のパイロットを安心させた。

その上、良いことには、機体が重いことが確実になると、それに応じた揚力を得るために飛行速度を増すことが出来、遅い速度で飛ぶ操縦の苦労が減ることになった。しかし、この検査飛行のためにパイロットの二人はストレスと寝不足でクタクタに疲れてしまった。

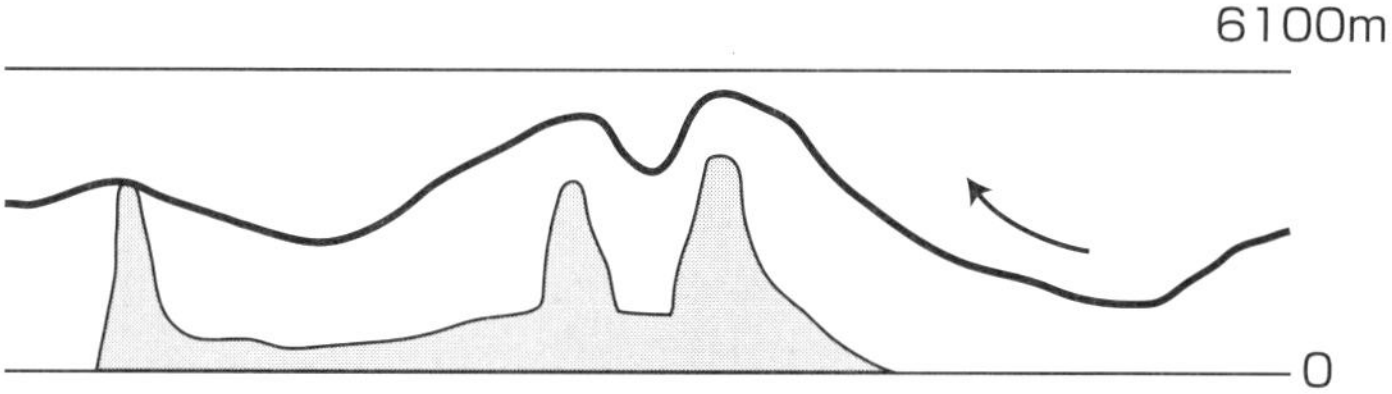

図49　ビクトリア湖の地形と飛行コース

よい検査結果を残し、翼を振って別れを告げて帰って行く伴走機と別れて、ボイジャーはビクトリア湖に向ったが、湖が高地にあるために、その後の飛行が大変であった。

ビクトリア湖は、ケニア、ウガンダ、タンザニアの各国に囲まれたアフリカ最大、六万八八〇〇平方キロメートルの湖で、東部アフリカの盆地にあるが、諏訪兼位著『アフリカから地球がわかる』（岩波ジュニア新書、二〇〇三）の説明によると、隆起した地面の中央部にできた陥没帯の盆地にある湖なので、その東西には、海抜一一三四メートルという高度の湖面よりさらに一〇〇〇～二〇〇〇メートルも高い山地が南北に走っている。

このような地形をボイジャーがどのように越えたかは、図49に示したビクトリア湖の地形図と飛行コースの高度図で判るように、アラビア海上での高度一五〇〇メートルの水平飛行から高度六〇〇〇メートル近い高さまで上昇しなくてはならなかった。

そこで、高度を上げるために前部エンジンを始動させたが、『Voyager』には、着火しては、停止する、失敗を繰り返しやっと始動した様子が生き生きと述べられている。また、パイロットは酸素吸入器によって低圧に耐えたが、ジーナは酸素を十分に吸うのに失敗して、昏睡状態に陥ったことさえあった。また、ずっと操縦を続けたディックは睡眠不足と疲れのために幻覚に襲われたこともあったと告白しており、いかに困難な飛行であったかが想像できる。

このような困難なコースを取らなければならなかった理由の一つは、幾つかの国がボイジャーに領土上空の飛行許可を与えなかったからである。その根拠はよく判らないが、当時、この地域は内戦が起こっており、もし誤射によってボイジャーが撃墜でもされたら国際問題になるので、そんな事態を避けるためではなかったかと思われる。

ビクトリア湖を越えて西岸のウガンダに入ると、雷雨域（Thunderstorm）の積乱雲が並んでおり、その合間を縫って切り抜けるには、そのような飛行許可のない領域を飛ばなければならなかったので、ディックは無線機の発信を止めて飛ぶという非常手段によって危機を脱することができた。しかし、突然の発信停止にミッション・コントロールでは、「墜落か?」と慌てたが、東ザイール、大西洋まで一二時間の所で再発信が始まり、まるで死人が蘇ったような歓声が沸いた。

ミッション・コントロールはボイジャーに気象情報を送って、雷雨域を避けるルートのアドバイスを与えたり、通信によってディック、ジーナと会話を交わして彼等の緊張を解きほぐすよう努力を重ねた。というのは、寝不足とストレスのために二人の感情はぼろぼろになり、何かにつけてカッとなってどなり合う状態に達していたからである。

そんな最悪の地形と気象条件の飛行を続けた後に、初めて大西洋が見えた時、ディックとジーナは泣き出し、涙を流した。ミッション・コントロールでも、すすり泣きが起こり、抱き合った。

6　大西洋横断 ― 乱気流で機体が垂直に

大西洋に出ると、ミッション・コントロールの気象チームの誘導によって、ボイジャーは雷雨域を南に避けて晴天域に出ることができ、気流が安定している上に追い風で、飛行は順調に進んで、六日目、一二月二〇日にはブラジルの海岸が遠くに見えるようになった。この夜は満月で、二人のパイロットは気分よく飛行していたが、この時に気象チームはミスを冒し、人工衛星の映像に前兆がなかったので、暴風雨が襲来するという警告を与えなかった。前方に暴風域が近付いていることに気付いたのは、気象用レーダーを見ていたディックであった。

一一八～一一九頁図43A、Bの地図には、アフリカ西岸からブラジル東岸沖にかけて南東から北東に伸びる筋状の雷雨域が描かれているが、そこにボイジャーは予告なしに呑み込まれた。ディックとジーナがこれまで経験したことのない最悪の乱気流によって、機体は九〇度傾いたと思うと、今度は振り子のように逆方向に九〇度傾けられた。それまでの飛行では、最大二〇度の傾きだったから、垂直になるバンクによって、機体がバラバラになる恐怖が二人を襲った。その上、ダイビングするように、機体が前のめりに突っ込むこともあり、二人は「全行程で最も怖かった」と回想しているほどであった。

そんな恐怖の九〇分の後、ミッション・コントロールは気象衛星の最新情報によって、暴風域を避けて南半球に入るよう勧告し、やっとボイジャーは安定した追い風を受けて、南米の東岸を目指すことができた。そして、陽光を浴びながら順調に飛行している時に、ディックの身に異常が生じた。睡眠不足の末に気を失い、頭を壁にぶつけてジーナに助けを求めた。彼女は狭い機内を移動して、必死に介抱を続け、三時間後にやっとディックは正常に戻って、安らかに眠るようになった。

こんな事件の後、ボイジャーは南米の東岸に沿うコースに入った。できれば、そのままカリブ海を横切って北米大陸に達し、カリフォルニアへの最短コースを取りたかったのだが、この地域には暴風域の列が観測されていたので、このコースの飛行は無理と判断され、一一八〜一一九頁図43A、Bに描かれているように、コスタリカを過ぎて太平洋に出て、西海岸を北上することになったのである。そして南米の西岸を追い風を受けてコスタリカを過ぎ、一二月二二日の朝、彼等はついに太平洋に到達した。

7　太平洋へ ― エンジン停止

コスタリカを通過する時には、オメガ航法システムの検定が行われた。このシステムはGPS（衛星利用測位システム）によって飛行機を予定のコースに沿って自動的に飛ばせる装置であり、ボイジャーの飛行では、出発した日の夜、ハワイで伴送機とランデブーした時に正常に作動していることが確認された。しかし、その後、検定の機会がなかったので、コスタリカでは管制局の協力によって装置が正常に作動していることが確認された。しかも、管制局がボイジャーの飛行に対するコスタリカ国民の好意を表明してくれたので、ディックとジーナは「文明圏に戻った」という喜びを感じた。

コスタリカからグアテマラ沖を通過したあたりから、それまでの追い風が向かい風に変わり、ボイジャーの対地速度は時速二〇二キロメートルから一二五キロメートルに低下した。このような向かい風が続くと、着陸までに燃料を使い果たす可能性が出てきて、ミッション・コントロールが心配に包まれた時に、ボイジャーから「エンジンが止まった」という知らせが入った。着陸地点までの距離がたった一一二〇キロメートルという地点である。

機体の姿勢が前下がりになったために、前のタンクから重力で送られていた燃料の供給が止まってしまったためであった。第Ⅱ部7のエンジン関係の章で紹介したように、ディックとジーナはあらゆる緊急手段を尽くして、機体を正常に戻そうと努力したが、ボイジャーはグライダーになってしまった。そこで、ミッション・コントロールの責任者であるマイク・メルビルは、「前部エンジンを始動せよ」という指令を下し、ディックが前部エンジンを着火して始動すると、それに連れて後部エンジンも動き出して、危機の脱出に成功にした。

そこでディックとジーナは以後の飛行では二つのエンジンを作動させることに決め、そのためにタンクの隅から隅まで燃料を吸い上げられるように供給システムを再構成した。一方、ジーナは計器パネルの後ろによじ登って、水平用ジャイロを交換して、自動操縦システムの作動が確実になるようにしたが、こんな作業の記載の中に、ジーナがボイジャーの飛行で果たした役割が示されているように思われて興味深い。

一方、ディックは、これまでの七日半、一晩に平均たった二～三時間の睡眠時間で、飛行の八五%を操縦してきたが、遂に一二月二三日の日の出の頃、カリフォルニア上空で、バートとマイク・メルビルが乗る伴走機とランデブーを果たした。彼らが再会した時に、全員が涙にくれた。ディックは陽気になって大声で話したが、バートは兄とともに帰って行く四五分間泣き続けた。

8　偉業は市民の手によって

一二月二三日午前七時三五分、ディックとジーナがエドワーズ空軍基地上空に到達した時、空港には約五万人の人々が出迎えに集まっていた。直後の新聞報道では一万人、一〇万人という記事もあったが、その後に刊行された報告では、五万人となっている。そんな人々の上空を次頁図50のように旋回したりしながら、飛行時間を区切りよく九日間にするために時間を稼ぎ、午前八時五分二八秒、出発した空港に着陸した。飛行距離四万〇二四四キロメートル、飛行時間九日三分四四秒の世界一周飛行であった。

搭載した燃料は一一九〇・一ガロン（四五二二・四リットル）で、このうち残っていたのは一八・三ガロン（六九・五リットル）、僅か一・六％であり、いかにギリギリまで燃料を使い尽したかが判る。それも、追い風をフルに生かし、その効果は平均時速一五・六四キロメートル、飛行距離に換算すると、三三七八キロメートルに達し、一周距離を一〇％近く短縮する効果があった。

つまり、追い風を利用しなかったら、ボイジャーの世界一周は成功しなかった訳であり、ミッション・コントロールの気象に関するアドバイスの重要さを示している。その上、コースの変更で飛行距離が伸びたり、二つのエンジンを駆動した時間が予定より長かったといっ

図50　５万人の出迎えの頭上を旋回するボイジャー（『VOYAGER』KNOPF）

た予定の変更による燃料消費の増加も計画段階の想定内であった。

このような経過を考えると、ボイジャーの成功は　機体の設計、製作、運航の計画と実施のすべてが優れたアメリカの航空技術の成果であるといえ、成功直後の一二月二九日にレーガン大統領がディック、ジーナ、バートに対して大統領市民メダル（Presidential Citizens Medal）を授与したのは当然であった。

『Voyager』の表現を借りれば、ボイジャーはひとつの〝夢＝Dream〟を実現するために結集した市民の力であり、そんなドリームを育てる自由社会の象徴なのである。

このことは、映像記録〝Voyager Highlight〟にある成功直後のインタビューで、ディックの肉声で、Dream, Freedom, Individual Citizensという言葉を聞くと一層深く実感できる。

Column

ボイジャーの記念切手

ボイジャーの写真は本に掲載されているものも含めてさまざまあるが、市販されているものの小さい方では、ボイジャーを図柄に入れた記念切手がある。

一つはカリブ海の東、西インド諸島の一つ、グレネーダ（グラナダ：Grenada）島で出した切手である。

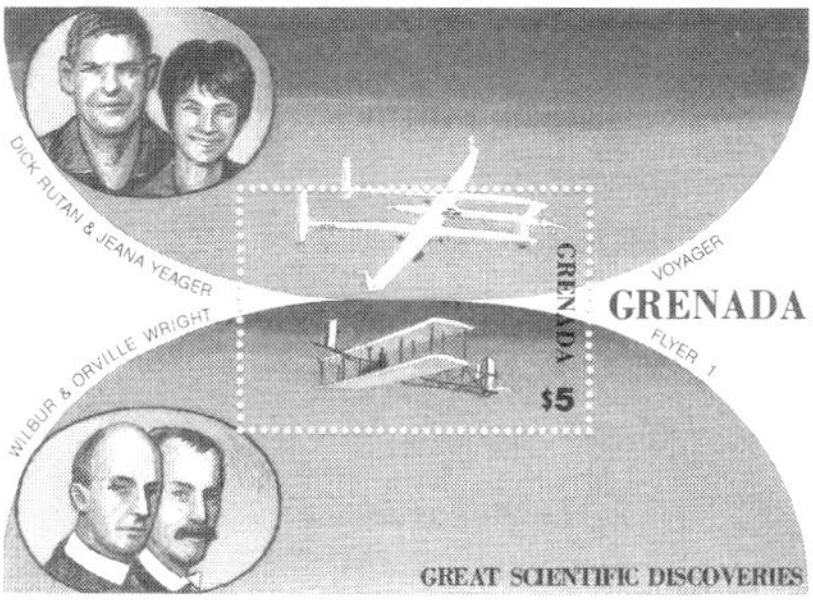

私の親しい友人で、山岳航空写真のパイオニアとして知られる山田圭一（筑波大学名誉教授）氏が見つけて、私のボイジャー好きを知っているので、二〇〇五年一一月に贈って下さったものである。

図67のように、"Great Scientific Discoveries"として、ライト兄弟のフライヤーとボイジャーを組み合わせた図柄である。機体の絵はマアいいとして、パイロット二人の似顔絵にはちょっとびっくりする。

なお山田氏は飛行機にも造詣が深く、ライト兄弟の初飛行一〇〇年を記念した写真集「飛行機一〇〇年・カラー写真でつづる名機たち」（成文堂書店／二〇〇四年）がある。四〇年にわたって撮影した世界各国の名機の写真五〇〇〇枚から、二〇〇種、二三三枚を厳選した写真集であり、フライヤー、ボイジャーともに、ワシントンの航空宇宙博物館に展示されている機体の写真が出ている。

次に、ごく最近、本稿を執筆中の二〇〇九年七月に入手した記念切手は、カラー・図11のようなコンゴ民主共和国で二〇〇三年に発行された五〇〇FCの切手である。

『航空情報』に「戦略爆撃機の歴史」や「航空史発掘」などを連載されている航空ジャーナリスト協会会員で航空史研究家の荒山彰久氏が、「切手の博物館」で七月に開催中の「飛んで・跳んで・翔んで展」という飛行機、鳥、スキージャンプなどの切手展で見つけて贈って下さったものである。荒山氏にはボイジャーに関する資料をまとめるに際してアドバイスを頂戴しているので、コレクションに加えるように、わざわざ送って下さったのである。

図柄としては、二人のパイロットの似顔絵がちょっと老けているが、丸い地球の上を飛ぶボイジャーの構図はグレネーダの切手よりすっきりしていて良い。

コンゴは飛行コースに当たっているので、ボイジャーの切手が出ても不思議ではないが、何故二〇〇三年になって出されたのか、経緯を知りたいものである。

第Ⅳ部　ボイジャーと日本

1　ディックとジーナの訪日

ボイジャーの世界一周飛行が成功した一九八六年は、アメリカにとって良い年とはいえなかった。特に、一月二八日、ケネディ宇宙センターから打ち上げられたスペース・シャトル「チャレンジャー」は、発射一分一二秒後に大爆発し、七人の乗員全員が死亡するという宇宙開発史上最大の惨事が起こった。それ以来、航空宇宙関係には暗い空気が漂い、アメリカ国民が受けた挫折感もまた大きかった。

それだけに、ボイジャーの成功は、アメリカ国民にとって最高のクリスマス・プレゼントになったと、「ワシントン・ポスト」は絶讃した。そして、成功直後の一二月二九日には、もうレーガン大統領がボイジャーの三人に大統領市民メダルを授け、「一九八六年・感銘を与えた人」にパイロットの二人が選ばれた。

私がボイジャーに強い関心を持つようになったのは、一九八六年九月二七日の「毎日新聞」（朝刊）の「米人が無給油無着陸世界一周飛行へ」という解説記事によって、ボイジャーの性能、飛行計画の詳細を知ってからで、「近く飛び立つ」というこの計画の実施を楽しみにするようになった。

それまでにも、同年七月一六日の各紙夕刊の、「こちら無着陸飛行の新記録・新設計の特殊機で米上空を飛び続け一万八六六九キロ」（朝日）、「次は世界一周四万キロ・無着陸で新記録のボイジャー機」（中日）といった見出し、写真入りの記事でボイジャーが周回距離の世界新記録をつくり、次は無給油、無着陸の世界一周をめざしていることを知っていた。

ところが、九月一四日出発の予定であると報じられたのに、飛行成功のニュースがなかなか伝わってこない。そのうちに一〇月も過ぎ、一一月一〇日に、私は、第四一回国際青年会議所名古屋世界会議の記念シンポジウム「科学技術の発展と人類の将来」に参加し、その様子はＮＨＫ教育テレビで一一月二二日に放映された。

そのシンポジウムの第一部「地球環境と科学技術」では、私と同じパネラーにニール・アームストロング氏がいた。アポロ11号によって人類として最初に月に足跡を印した宇宙飛行士である。彼が航空パイロットの出身であることを知っていた私は、自分がボイジャーに強い関心を抱いていて、最新の状況を知りたいと思っている、と休み時間の雑談で話した。すると、彼は、「私も注目している。しかし、最近、機体に故障を起こして、実施が心配だ」と答えてくれた。飛行が成功した後、私がディックとジーナの二人に会った時に、そのことを話題にしたら、ディックの方は「ニールが私達の計画にそんなに関心を持っていてくれたのか」と、嬉しそうな顔をした。アメリカにおけるニール・アームストロングの存在がどんなものか、判る思いがして、面白かった。

アームストロング氏から機体の故障を聞いたので、飛行の実施について私もいささか気をもんでいたのだが、それだけに一二月二三日の飛行成功に興奮した。

日本でも、第I部で述べたように、新聞各紙が大きく取り上げたので、私も嬉しくなって、知人の中で飛行機好きの仲間である作家の小松左京、評論家の柳田邦男、数学者の四方義啓といった人たちに、ボイジャーを描いた手書きの特製年賀状（図51）を送った。

すると、それぞれ反響があった。柳田さんからは、「週刊文春」一月一五日号が送られてきて、それには彼の連載「事実の素顔」七一回として、「ボイジャー世界一周の成功」が出ており、そこで、柳田さんは、大西洋横断飛行に成功した時のリンドバーグの言葉を引用して、ボイジャーの成功は「技術と人間」、あるいは「機械と人間」が一体となることの重要性とその成果を示すものであると書いている。柳田さんは、

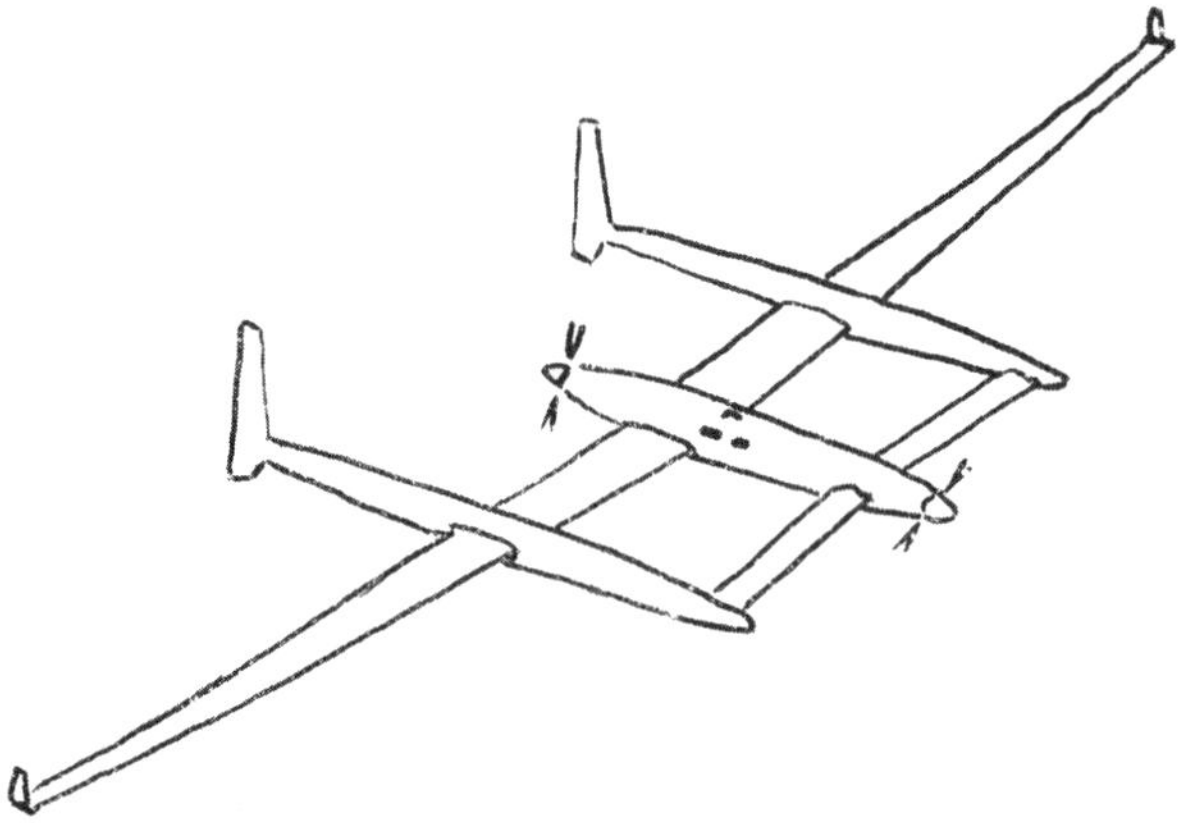

図51　著者が友人に送ったボイジャーのスケッチ

その後も「Washington Post」や、アメリカの航空専門誌「アビエーション・ウィーク」のボイジャー関係の記事のコピーなどを送って下さり、文献として大いに参考になった。

一方、三月になると、今度は、小松さんの方から反響があった。三月上旬に、ディック、ジーナの二人が日本に来るので、対談する計画があるが、一緒に出ないかというのである。幸い、上京の予定があったので大喜びで同席させてもらうことにした。

それが一九八七年三月八日、東京の西武百貨店池袋店内のスタジオ２００で開かれたディック・ルタン、ジーナ・イェーガー来日記念講演「ロマンと冒険を求めて」である。約一〇〇人の参加者を前にして、ちょうど一時間、小松さんと二人でディック、ジーナの二人から話を聞いた。

この催しは、「Voyager Victory Tour Japan　March 1~8,1987」の一環として西武百貨店池袋店で実施され、講演会とともに、「ボイジャー全記録展」ではカラー写真や材料の展示があり、一方　ボイジャー基金募集のためにボイジャーの絵がついたＴシャツ、トレーナー、写真、機内食などのグッズを売っていた（次頁図52）。

さて、講演会は、二人が帰国する三月八日に開催され、次頁図53のように、壇上の右側にディック、ジーナ、通訳、左側に小松、樋口が並び、左端に立った女性の司会者が進行役を務めた。その様子は六〇分のビデオに収録されているが、今回、本稿のために再見し、二二年前の雰囲気を思い出した。

図52　ボイジャー・グッズ（著者撮影）

図53　（上）ディック、ジーナと語る小松左京（左から2番目）と著者（左端）
（下）ディックと握手する著者（後藤正弘撮影）

会が始まる前に、テーブルを囲んで打ち合わせをしたが、愛煙家の小松さんがもうもうと煙草の煙を吐くのを、近くに座ったディックが顔を背けているのがおかしかった。というのは、ボイジャー計画に煙草関係の会社がスポンサーに名乗り出たのに、喫煙反対主義者のディックが断ったことを思い出したからである。

壇上に私達二人が並んで、パイロットの二人の入場を待つ間に、小松さんは、私が贈ったボイジャーの年賀状を示しながら、私の〝ボイジャー・ファン〟ぶりを会場に紹介してくれた。やがて二人が入場、着席すると、司会者がまず二人に「今日、飛行船を操縦して東京上空を飛行されたそうですが、ボイジャーと飛行船とどちらの操縦がむつかしかったですか?」と質問すると、ディックが「どちらもむつかしい」と答えたので、私が、「胴体が丸い飛行船と翼が細長いボイジャーとでは、形が対照的で、面白い体験だったでしょう」と言うと、二人は笑って頷いた。

また、「なにか　縁起担ぎ、ジンクスとかはありますか?」という質問に、ディックは、「あるけど、秘密」と答えたのに、ジーナが「ありません」ときっぱり答えたのが面白かった。あとで知ったのだが、山田功男「航空界の夢を実現したボイジャー」(「おおぞら」№二七四、一九八七年六月号)によると、ボイジャーの機体登録番号N269VAは、一九二四年四月四日シアトルを離陸したアメリカ陸軍航空部隊の〝2〟機が〝69〟回の寄港・給油によって西回りで九月二八日シアトルに着陸し、世界初の世界一周飛行を達成したことにあやかったと云われており、これがディックの〝秘密〟だったのかもしれない。

講演の話題は、機体の設計、製作、飛行中の生活など、多岐にわたったが先ず、さすがに小松さんは先端技術に詳しく、ボイジャーに使用されている新素材の炭素複合材料（FRP）に着目して、バート設計の小型機を話題にし、「FRPが軽くて丈夫で、ボートやオートバイに使われていることは知っていたが、ボイジャーのようにボーイングB727ジェット旅客機と同じ位の長さの翼が作れ、しかもそれが乱気流に耐えるとは思わなかった」と褒めた。

また、小松さんが「保険はどうしました？」と尋ねると、ディックが言下に「ノー！　ハイリスク、ノーリターンだから、引き受ける処なんかなかった！」と答えたのが愉快だった。

一方、私の方は、自分の専門に近い気象条件について質問した。ボイジャーは軽くするために、操縦席が気密になってないので、比較的低い高度で飛ばなくてはならず、悪い気流に会いやすかったからである。これについて、ディックは「オーストラリア北方にあった台風マージの周りをうまく飛ぶ時に、気象衛星〝ひまわり〟の情報が助けになった。その点、日本に大変感謝している」と答えたので、私は、「そのことを、友人である内田英治気象庁長官（当時）に伝えましょう」と約束した。

また、私が「世界一周に成功して、地上に降り立ったディックの第一声が〝Dream

Citizens Freedom」であったことが印象に残っており、ボイジャーの成功はアドベンチャーの未来に大きな影響を与えた」というと、ディックは「アドベンチャーを実現するには、自由が大切であり、その広がりには限界がない」と強調した。

最後に、小松さんが、「我々は二〇世紀後半に二つのすばらしいボイジャーを持った。一つは宇宙探査機であり、もう一つがこれだ」と結んだ。

私は「われわれ、飛行機ファンとしては、ボイジャーそのものを見たいし、設計者のバートさんの話も聞きたい。そこで　一九八九年に名古屋で開かれる世界デザイン博覧会にボイジャーを展示し、その時には、三人お揃いで名古屋においで下さい」と、希望の言葉を贈ったが、それには次のような経緯があった。

2　デザイン博にボイジャーの展示を

私がディックとジーナに会った時に、ボイジャーの機体を世界デザイン博覧会に出品して欲しいと希望を述べたのには、次のような事情があった。

一九八六年の五月二日、第一回「世界デザイン博覧会（仮称）」計画委員会が開かれ、最初に各委員の意見を求められた際に、私は次のように述べた。

「名古屋を中心とする地域は、飛行機、自動車、ロケットなど、人間の行動手段のすべてを生み出してきた。当地域は、このことを誇りにすべきだし、日本中、あるいは世界に向かって広くＰＲすべきだ。「スペース・シャトルからお茶碗まで」といったサブタイトルをつけ、ハードとともにロケットの打ち上げ方、御飯の食べ方といったソフトの面でも、宇宙から生活までのデザインの全体を取り扱うとよい。」

そして、その後、委員に対するアンケートに応じて、「是非取り上げたい企画」として、「日本で設計、デザインされ、計画中のスペース・シャトルのモックアップ（木製実物大模型）を展示する。日本製ＳＴＯＬ（短距離離着陸）機「飛鳥」、新明和ＵＳ‐２飛行艇など、日本の代表的なＳＴＯＬ、ＶＴＯＬ（垂直離着陸）機のデザイン的な面白さを展示で表現する」ことをあげている。

だから、最終的には、ボイジャーとミールという形の表現になったが、航空宇宙をテーマにするという私の提言は、デザイン博のテーマ館の展示に生きたわけである。

一方、この企画委員会で、西尾武喜名古屋市長（当時）から、「デザインというのは、どうもよく判らないと皆から言われる。だから、何かいいキャッチ・フレーズを考えてほしい」という発言があり、各委員それぞれが考えた。私は「スペース・シャトルからお茶碗まで」をあげたが、これは、「お茶碗からスペース・シャトルまで」と姿を変えて、あちこちで愛用されるようになった。

その一例が、同じ年（一九八六年）の九月一〇日に名古屋で開催された「デザイン都市をめざして―生活文化フォーラム・名古屋」で、分科会セッション1のタイトルに、「お茶碗からスペース・シャトルまで‐今日のデザイン」が使われた。このセッションには、私もパネラーとして参加した。

こうして私は、ボイジャーに関心を持つ前から、世界デザイン博の展示では航空宇宙に重点をおくことを提案していたが、それにはつぎのようなわけがあった。

世界デザイン博の計画委員会が開かれるほぼ一年前、一九八五年の一月一八日、名古屋では、二一世紀中部圏フォーラムが開催された。このフォーラムは、中部圏の九県一市で構成する中部圏開発整備地方協議会が、「二一世紀中部圏計画」を策定するに当たって各方面の意見を聞くために開催したもので、その第一回が、「二一世紀を展望した地域の創造‐中部圏における名古屋を考える‐」というテーマで開かれたのである。

高坂正堯京都大学教授（当時）の基調講演「新しい都市の創造」のあと、私が問題提起をおこない、続いて前記のテーマについてのパネル・ディスカッションに移ることになった。

パネラー（肩書きは当時）は、豊田英二トヨタ自動車会長、三宅重光東海銀行会長、竹田弘太郎名古屋商工会議所会頭、田中精一中部経済連合会会長、飯島宗一名古屋大学学長、加藤秀俊放送大学教授、それに私、コーディネーターは若松信重東海テレビ副社長であった。

まさに、当時のこの地域における各界トップの人たちを前にして問題提起をするのだから、私も、いささか張り切って何をしゃべるかを考えた。そして、名古屋圏は「二一世紀に向けてどのように誇り・機能・イメージを持つべきか」というタイトルで提言したのが、「行動文明論」である。

高坂さんが「情報と文化」という面から都市を論じられたのに対して、私は「行動と文明」に力点をおいた。二一世紀は情報化の時代といわれるが、情報化が進めば進むほど、人間は情報を受けているだけには耐えられず、得た情報を確かめるために、あるいは情報の作り手になるために、「行動」を起こすのではないか、もし、そうなら、二一世紀は行動化の時代とみることができる、というのが私の考えであった。

一方、京都の文化に対して、名古屋のように近代技術とともに発展してきた圏域では、文化より「文明」という観点から将来を考えた方がいいのではないか、私は雪氷、気象現象を研究しているが、長年にわたって、梅棹忠夫国立民族学博物館長（当時）から文明に関する薫陶を受けてきたので、そう考えた。

そこで、両者を結びつけて、「行動文明論」という考えが生まれた。のちに、同じ一九八五年八月、東京で開催された日本未来学国際シンポジウム「住み方革命・世界都市（コスモポリス）の構築」、翌一九八六年五月、大阪で開催された国際グリーンフォーラム「都市と緑の文化戦略」などでも、「行動文明論」に基づいて議論を展開した。

「行動文明論」を一言でいえば、文明を、梅棹館長にしたがい「人間と装置群とで形成する一つの系、システム」であると定義すると、人間の〝輸送〟ではなく、人間の〝行動〟に関する装置群―それにはハードとして機械、施設、道路など、ソフトとして法規、制度などを含めて―はいかなるものが必要であるか、また、それらと人間が作るシステムはどんな形がいいかを考える。これが、私のいう「行動文明論」である。

名古屋圏は、自動車、航空機、ロケットなど、行動の手段の生産において日本の代表的な圏域である。そこで、行動文明論に基づいて、二一世紀の名古屋は、中部圏、日本、世界の中でどうあるべきかを論じたのが、二一世紀中部圏フォーラムにおける私の問題提起であった。さいわい、中部国際空港建設の声が高まった時でもあり、パネル・ディスカッションでも、新空港、コミュータ航空、航空行政、航空博物館などが論じられた。

それに続いて、同じ一九八五年の一一月、朝日新聞名古屋本社が発刊五〇周年記念事業として募集した懸賞論文「あすの東海-飛躍への提案」では、長井裕愛知県企画部企画課主査(当時)による「「コスモ・ベルト21」構想の提案-スペース・パークを中心とする未来型プロジェクトの実現に向けて」が、一席となった。

一方、一九八五年の一〇月から一二月にかけて名古屋テレビから放送された第一回・名古屋大学テレビ放送公開講座のテーマは、「宇宙・航空の時代を拓く」であった。その内容は、同名の本として刊行されたが、その出版を助成した石田財団は、一九八四年以来、コミュータ航空についてシンポジウムを開催し、報告書を刊行してその推進に努めていた。

そのような流れがあったからこそ、私は世界デザイン博の計画委員会で航空宇宙の展示を

Voyager

テーマ館では「デザインが持つ多様な役割と可能性」を発想、技術、生活、夢・未来の4つの面から探っていくことをめざしますが、ボイジャーはこのうち「夢・未来とデザイン」のコーナーに登場。ハイテクノロジーとロマンが融合した「未来形」は、デザイン的にもたいへん美しいものです。アメリカ・スミソニアン博物館から特別に借り受けるものだけに、ぜひお見逃しなく！

ボイジャー機の概要

全長は7.74m、翼長は33.77mでグライダー並み。1986年12月14日午前8時、アメリカ、カリフォルニア州のエドワード空軍基地を飛び立って以来、12月23日の朝に着陸するまで40,244kmを9日間3分44秒かかって飛んだ。平均時速は164km。

無給油無着陸世界一周機と宇宙滞在最長記録の軌道ステーションがテーマ館に。

「ミール」

ソビエトの軌道ステーション“ミール”(ロシア語で“平和”の意）に搭乗したロマネンコ飛行士は、1987年10月1日に宇宙滞在記録を更新（それまでの記録は237日）するとともに、同年12月29日、326日の宇宙滞在を終えて無事帰還しました。こうした輝かしい宇宙滞在記録を樹立した“ミール”を、白鳥会場のテーマ館（白鳥センチュリープラザ）に、宇宙での居住の可能性に挑戦し、生活空間を広げていく人類の普遍的志向の最先端の試みの一つとして紹介。また、「超ミニチュア工芸品」を、ソ連知識協会・日本対外文化協会の協力を得て展示します。

“近代印刷術の祖”

グーテンベルグの印刷機

技術とデザインの展示として、今日の情報化社会の出発点となった500年余り前のグーテンベルグの印刷機を展示し、印刷実演も行ないます。

図54　世界デザイン博覧会にボイジャーが来る

提案したのである。それに、世界一周飛行に成功して、ボイジャーから降り立ったディックの第一声がデザイン博にぴったりであった。

「アドベンチャーをしようという夢を持つことが大切だ。私達は、その夢を市民の協力によって実現したのだ。」これこそ、まさにデザイン博のテーマ、「ひと・夢・デザイン」（図54）、そのものだったのである。

3　七十年来の飛行機好き

このように航空宇宙の専門家でもない私がボイジャーの展示に熱心であったのは、小学生の頃から七十年来の飛行機好きだったからである。私の小学生時代には、リンドバーグ、ボイジャーにアメリカ中が熱狂したのと同じように、国中が熱狂した飛行計画が日本にもあった。一九三七年四月、東京（立川）とロンドンを結んだ「神風（号）」の飛行（図55）である。

リンドバーグのニューヨーク・パリ間の飛行がアメリカとヨーロッパの二つの大陸を初めて結んだのと同じように、「神風」は東京・ロンドン間の飛行によってアジアとヨーロッパの二つの大陸を結んだ、初の〝亜欧連絡飛行〟であり、都市間連絡飛行の世界新記録を樹立したのだから、日本中が湧き立ったのも無理はない。

そこで思い出すのは、ヨーロッパが記録飛行で湧き立った時代である。『航空情報』二〇

図55　“神風”による亜欧連絡飛行（1937年）。写真のサインは飯沼正明操縦士のもの

〇九年八月号に「ドーバー海峡横断飛行一〇〇周年記念バイオグラフィー」が出ているように、一九〇九年七月二五日、ルイ・ブレリオがドーバー海峡横断飛行に成功した頃ヨーロッパは飛行機熱に湧きかえっていたが、当時の様子を日本に手紙で生き生きと伝えた人がいる。寺田寅彦である。

私の恩師・中谷宇吉郎先生の恩師が寺田寅彦で、私は寅彦の孫弟子に当たるため、これまで『寺田寅彦全集』（岩波書店）の編集を二度にわたってつとめたので、「書簡」まで目を通していて気付いたのだが、寅彦が一九〇九年九月三〇日、ブレリオの飛行の二ヶ月後の日付で中央気象台の岡田武松に出した手紙（『寺田寅彦全集』第二五巻、一六六頁）に、ヨーロッパの気象観測について詳しく報告した後に一言、飛行機について次のように書いている。

「（北欧巡遊から）伯林へ帰って見ると、飛行機の競技大会で落付いても居られず見物に出掛けましたが、うまく飛ぶ処を見るとやさしそうでも、一通りのむつかしい仕事ではないといふ事がわかりました。しかしすさまじい音を立てて飛ばれるとたまらぬ心持がいたします。要するに此頃こっちの人間は大分スリーデイメンションになりかけている」

ここに出てくる飛行機の競技大会というのは、ヨーロッパでもアメリカの飛行機を抜く性能を持つ機体が作れるようになり、一九〇九年七月にはフランスの町ランスで有名な飛行機の大会が開かれており、同じような会がベルリンでも開かれたのである。

私はこの「人間はスリーデイメンション（三次元）になりかけている」という表現が好きで、人類の行動はそれまで地上、二次元に限られていたのに、飛行機や気球によって空を飛べる、即ち三次元の行動が可能になった時代の境目を捉えた言葉であり、科学と文学の両面で優れた寅彦にして初めて可能な表現だと思って、心に残っているのである。

さて、話を日本の「神風」の時代に戻すと、当時、小学校四年生になったばかりの私は、この飛行に夢中になり、ノートの表紙にも、余白にも無数の「神風」の絵を描いた。だから、今でも、その格好をよく覚えているほど感激したためか、以来、私は無類の飛行機好きになった。しかし、小学生のことだから、まだ航空関係の雑誌や本を買えるわけがなく、もっぱら新聞に出ている飛行機の写真を切り抜いて集めていた。こうして、自他共に許す〝飛行機の権威“となった私は、写真の切り抜きをいつもポケットに入れていて、友達が飛行機の名前を挙げると、即座にその写真を取り出して見せるのを特技としていた。

そして、一九四〇年、中学（京一中）の一年生になると、その年の十一月創刊の『航空朝日』の定期購読を始めた。以来、中学五年で卒業した一九四五年、太平洋戦争の終戦後の十一月号で廃刊になるまで愛読を続け、全巻揃った『航空朝日』を七冊に製本して、貴重な文献として保管している。だから、当時　朝日新聞の航空記者で、『航空朝日』の編集長として名前だけで親しんでいた斉藤寅郎氏と、半世紀近い歳月を経て初めてお目にかかった時には、感激のあまり絶句したほどであった。

また、中学二年生の時には、大判の飛行機の写真集『世界の翼』（朝日新聞社）を買い始めた。一九四四年に出た第二冊目で、一九四一年の創刊号から二年たっているが、以後は毎年出るようになり、定期刊行物としての『世界の翼』の形がこの時に定まったことになる。

私が買った一九四四年版は、赤い表紙で、当時、世界最高速度の戦闘機といわれたロッキードP38の写真が大きく出ており、双胴で、中央の短い胴体に操縦席があり、ボイジャーを思わせるのは先に書いた通りである。

人と本との付き合いは、人により本によってさまざまで、一冊の本によって人生が変わった場合もあろうし、長い間にわたって刊行された本を揃え、それらの本とともに過ぎて行った歳月を思い起こす人もあるだろう。私の場合、後者の例が『航空朝日』であり、『世界の翼』である。『世界の翼』は、その前身が戦前の一九三七年に『アサヒグラフ増刊』として出た『列強の空軍』（朝日新聞社）であり、この二冊に、戦前、戦時の四冊、戦後の一九五二年版から一九八二年版に至るまで三〇冊（昭和三七年、三八年版は一冊）合計三六冊の『世界の翼』を、いま手許に積み上げて眺めていると、一冊一冊に思い出が湧き上がってくる。

ところで、『航空朝日』、『世界の翼』の刊行が始まった一九四〇年代には、日本の軍用機に関する情報は極めて限られており、航空ファンにとってどんな時代であったか、当時を知る人も次第に少なくなるので、私の場合を紹介し、時代の一記録としておきたい。

たとえば、陸軍の二式複座戦闘機「屠竜」を、私は次のようにして知った。第二次世界大戦の直前、欧米の各国は双発重戦闘機の開発を競い、その典型がドイツのメッサーシュミットBf110であった。当然、日本でもそんな飛行機が作られているらしいという話が伝えられていたが、その実物を私が見たのは、一九三九年小学六年の時であった。

この年の秋、大阪の第二飛行場、現在の伊丹空港で航空博覧会が開かれ、私も見物に出かけた。その時に会場の空に姿をあらわした新鋭機が、「屠竜」の前身、川崎キ45試作機であり、超低空まで舞い降り、ぐーっと上昇する機体のきらめきがいまだに鮮やかに目に浮かぶ。その後、この試作機が改良されて、わが国初の双発重戦闘機として制式化され、「屠竜」とよばれた。太平洋戦争中には、各地で活躍したそうだが、その写真が公表されたのは、戦争も終わりに近く、『航空朝日』の一九四五年一月号で、私が試作機を見てから、実に五年後のことである。

ただし、公表は写真のみで、諸元、性能の発表はなく、欧米では、戦時中でも公表されていたのと対照的であった。しかし、マニアなら気持が判るだろうが、そんな〝軍極秘〟の時代でも、航空ファンは親戚に軍人を持つ友人、軍需工場で働いている知人、そんなルートから断片的ながら、わが陸海軍の新鋭機についての情報を集めたものである。

そんな私の飛行機好きに、画期的な開眼をもたらしてくれたのは、終戦の前年に刊行された糸川英夫著『航空機の諸問題』（明治書房、一九四四）であり、この本によって私の飛行機を見る目が一変した。定性的から定量的への転換である。

それは、この本の「プロペラの直径は、どんな飛行機でもだいたい同じで、三・二メートルである。」という一節であり、これを読んで、私は愕然とした。ここに、日本の軍用機を測る〝物差し〟がある。プロペラの物差しによって、飛行機の写真から、翼の長さ、面積、機体の長さ、高さを測定でき、発表されていない日本の軍用機の所元を推定し、外国機と比較できる。まるで、暗号の解読にも似た興奮を味わいながら、私はそんな〝研究〟に夢中になった。

こうして、戦争末期の一九四五年の前半、私は、空襲警報のサイレンが毎日のように鳴る京都で日本の軍用機の〝解剖〟に熱中した。そして八月一五日を迎えた。この日を境にし

日本軍用機の翼幅

	機　　名	推定値	公表値
陸　軍	97式戦闘機	10	11.30
	1式戦闘機「隼」	11	11.437
	2式戦闘機「鍾馗」	9	9.450
	97式重爆撃機	18	22.50
	99式双発軽爆撃機	22	17.47
	100式重爆撃機「呑竜」	20	20.429
	99式軍偵察機	12	12.00
	100式司令部偵察機	16	14.70
海　軍	96式艦上戦闘機	11	11.00
	零式艦上戦闘機	11	11.00
	2式水上戦闘機	13	11.00
	97式艦上攻撃機	15	14.752
	艦上攻撃機「天山」	14	15.452
	99式艦上爆撃機	15	14.478
	艦上爆撃機「彗星」	10	11.536
	96式陸上攻撃機	23	25.00
	1式陸上攻撃機	25	24.917

図56　著者が推定した日本軍用機の翼幅

て、〝軍極秘〟はなくなり、『航空朝日』の一九四五年一〇月号には、ただちに、「ありし日の日本軍用機」として、簡潔ながら陸海軍の諸機が、写真、諸元、解説によって発表された。

同誌は、次の一一月号をもって終刊となったが、この号には、「陸軍試作機総覧」、「海軍試作機総覧」が掲載されている。

私はこれらの記事をむさぼるように読み、敗戦の打撃がおさまった頃、戦時中に推定した日本機の諸元を公表された値と比較してみた。その結果、プロペラの直径から推定した翼幅は図56のように、驚くべき一致を示しており、糸川の本が与えてくれた〝物差し〟が正しかったことを物語っている。こんな訳で、『航空朝日』は私にとって、いわば学術誌のような存在だったのである（樋口敬二『〝軍極秘〟公開の日』、扇谷正造編集『昭和二十年八月十五日・日本の一番あつい日』、ＰＨＰ、一九八二）。

やがて、時代は移り、飛行機は私にとって眺める存在から利用するものへ変わってゆく。この転機は一九六〇年九月にやって来た。この年、北極海に浮かぶ氷島Ｔ‐３での観測に参加した私は、その帰途、アメリカ本国を初めて訪れたが、その際、当時就航間もない初のジェット旅客機ボーイング７０７に初めて乗った。

サンフランシスコからシカゴまでの飛行である。プロペラ機と違い、飛行高度一万メートル、まさに巻雲の高さであり、地上から空高く見上げてきたかぎ状巻雲を真横から初めて見た感動は今もよみがえって来る。また、ほぼ同じ高度でちょうど逆方向に飛ぶ小型ジェット機が作る飛行機雲に沿って飛んだので、始め一本の白い筋であった飛行機雲が見る間に太くなり、やがて白い房を付けた糸を水平にピンと張ったような形に発達する過程がよく判った。それ以来、飛行機雲に強い関心を持つようになり、写真を撮り、資料を集めて「飛行機雲を追求する」(『科学朝日』一九七三年一一月号、一二月号)という小論にまとめた。その(上)「気象をゆさぶるジェット機」では、飛行機雲の形態と影響を述べ、その(下)「軍事的要求から環境監視へ」では、飛行機雲の生成機構を論じ、その中でアメリカ空軍がロッキードU‐2によって高空の偵察飛行をする際、飛行機雲ができると発見されるので、それを防ぐために排気飛行機雲の生成条件を空軍研究所大気物理研究部で研究していたことを紹介した。それが、その後三六年経った二〇〇九年、荒山彰久氏によって評価され、「航空史発掘・二二:ロッキードU‐2撃墜事件とその周辺(2)」(『航空情報』二〇〇九年六月号)に引用されたのだから嬉しい。B707から飛行機雲を観察してから半世紀近くたっての出来事である。

さて、サンフランシスコを飛び立ったB707がロッキー山脈を越えて、大平原の上空に至ると、地面付近の積雲がまるで碁盤に並べた白い碁石のように眼下に広がり、対流と雲の分布との関係が教科書の図を見るようであった(図57)。そのように目の前に展開する雲の様相の変化に私は夢中になって、沢山のカラー写真を撮った。そして帰国すると、そんなカ

図57　アメリカ大平原に
広がる積雲の列

図58　石狩平野の雪雲に迫る

ラー・スライドを当時勤務していた北海道大学理学部の気象学研究室で見せ、空から見る雲の面白さを吹聴した。

このような雲の空中写真撮影の経験が高く評価されて、帰国した一九六〇年一二月に孫野長治教授（当時）主導の下に実施された札幌付近の降雪の総合観測では、降雪雲の航空機観測が私の任務となった。飛行機は単発のプロペラ小型機セスナＬ－１９Ｅで、パイロットと同乗者だけの二人乗り、後の座席に座ると、前後左右をぐるっと見回せるキャビンで、飛行高度も低く、雪を降らせている雲のすぐ傍まで接近して観測するのに絶好であった。札幌の北西にあった丘珠飛行場を飛び立って、石狩川河口に雪を降らせている積雲に近付くと、雲の下部から延びている尾流雲がまるで巨大な白いひげのように見える（図58）。

こんな雲でも、中は気流が渦巻いている。エアロコマンダー（Aerocommander）６８０Ｆという双発機に振動計を積み込んで積雲のすぐ近くを一周すると、何の揺れもない穏やかな飛行である。ところが、雲の中に飛び込んだとたん、車が舗装道路から山道に突っ込んだように機体が木の葉のように揺れる。ドスン、ドスン、車が岩にぶつかるような衝撃が下から突き上げてくる。激しく揺れる振動計の記録によって、雲の中の上昇気流の強さが判る。雲から抜け出すと、うそのようにおだやかな飛行にもどり、「あんな〝可愛い〟雲でもあれ位だから、積乱雲の中はすごいんだろうナア」と怖れる気持で白い積雲を改めて振り返る。自然現象をそれが起こっているその場で、この目で見る緊迫感、その迫力と快感、「研究者

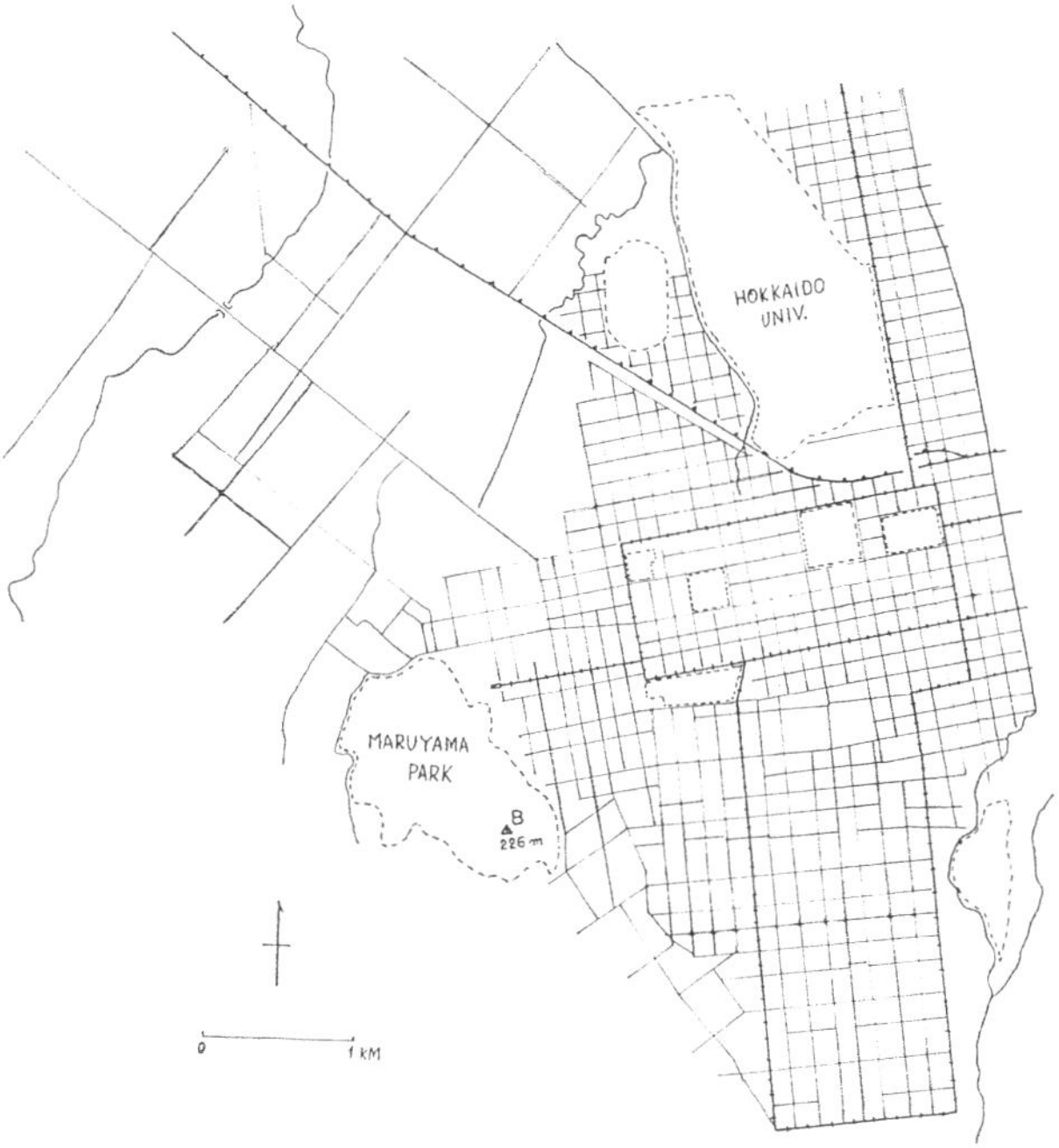

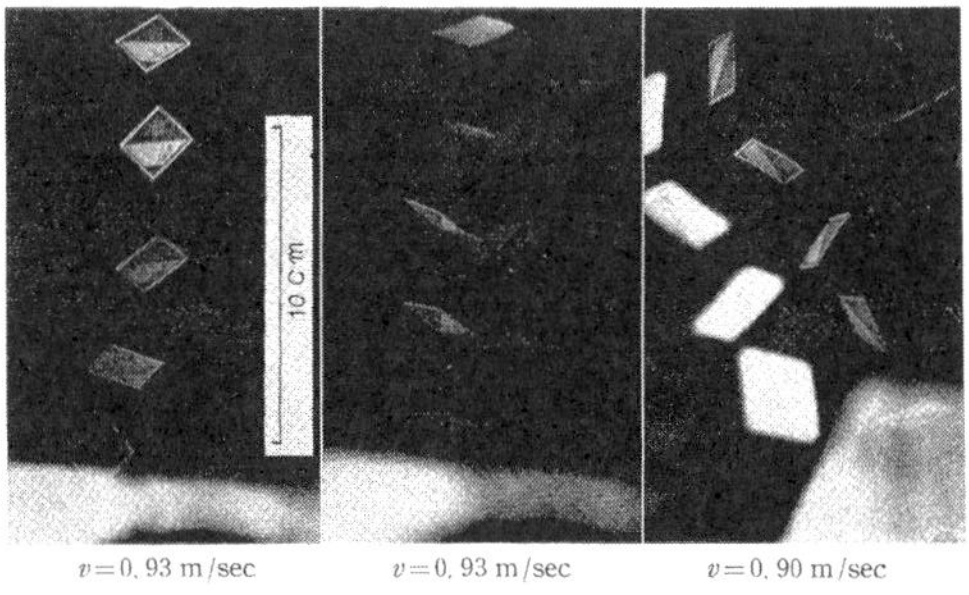

$v=0.93$ m/sec　$v=0.93$ m/sec　$v=0.90$ m/sec

図59　「紙の雪」を飛行機から撒く

になって良かった」と思う瞬間である。

同じように、大空で起こる現象を大空を舞台に探究できるのも、飛行機のお陰で、私の「紙の雪」の実験が好例である。「雪は天から送られた手紙である。」、中谷宇吉郎先生の有名な言葉だが、その〝手紙〟である雪の結晶は雲から地上までどのように運ばれ、散らばるのか、それを知るために小さな「紙の雪」を飛行機から撒布したのである。

舞台は札幌市、直線道路が東西南北に直交し（図59）、それに番号がついているので、空から降って地上に落ちた「紙の雪」に拾った場所を書き込むのに絶好である。こんな条件の揃った札幌の市内に降るように、私は風上側の高度四五〇メートルを飛ぶセスナ機から大きさ二センチ平方の「紙の雪」を九万枚撒いたのである。実験は、札幌市教育委員会、札幌市民の協力によって成功を収め、大気中の乱流現象の研究分野では世界最初の大規模拡散実験として高く評価され、私がこれまでの研究の中で一番気に入っている仕事となったが、その経緯は別に詳しく書いたので（樋口敬二「天から送られた手紙―小学生まで参加した雪の研究―」、『へるめす』第一九号一九八九年五月）、読んで戴きたい。

このような観測、実験は、私にとって飛行機を〝乗るもの〟から〝使うもの〟に変えた画期的な体験であった。それ以来、オーストラリアの連邦科学工業庁（C.S.I.R.O.）の雲物理学研究所に一年半滞在した時には、第Ⅱ部8でも述べたように、観測専用機ダグラスDC‐3による観測に参加し、内陸の平原地域では観測機を旋回させながら、ほぼ同じ位置から積雲と地上に映るその影を写真撮影した。そして、横から見る雲の形から垂直方向の発達、雲の影の形と位置から水平方向の発達と移動を解析した（樋口敬二・写真と解説「雲を追う」（『自然』一九六七年六月号）。

一九六六年、北海道大学から名古屋大学に移り、山岳地帯の雪渓、氷河を雪氷研究の対象とするようになると、「北アルプス雪渓台帳」（名古屋大学、一九七一）を作るために、北アルプス山岳地帯の航空写真撮影を実施した。雪渓の大きさを正確に記録するためには、垂直写真がのぞましく、それには胴体の下に孔の開いた飛行機が必要なのに、中部地区には適当なのが少なかった。ところが、当時、新聞社の飛行機は、山間僻地に号外紙面を投下によって届けるために、胴体の床に孔が開いていた。

そこで、そんな飛行機を持っている新聞社にお願いし、一九六八年は朝日新聞社、それ以後は、六年間にわたって中日新聞社の協力を得ることができた。写真撮影は国土地理院で永年の経験を持っていた五百沢智也、アマチュア航空カメラマンの大森弘一郎の両氏が担当した。中日新聞社機はデハビランド・ビーバー（De Havilland DHC-2;Beaver）で、名古屋空港を発って、北アルプス一帯を南北方向の数コースに沿って飛ぶのだが、なかなかアルプス全域が晴れる日はない。

ある時、朝の空模様を見て、出発を一時間遅らせる方がよいと判断して、約束より遅れて空港に行った。すると、中日新聞航空部の次長が色をなして言われた。「整備の人達は、朝の暗いうちから来て、機体を点検し待機しています。パイロットだってそうです。それなのに、頼んだ先生たちが勝手に遅く来るとは何事ですか。」この時の身の縮むような申し訳なさは、今も忘れないが、当時の航空事情を示すエピソードとして記録しておく。

そのような雪渓観測の延長として、一九七四年から始めた文部省海外学術調査「ネパール・ヒマラヤ氷河学術調査」でも航空機による氷河観測を実施した。始めに、当時ネパールにたった一機しかなかったボーイングB727をチャーターして、大勢の隊員が同乗し、一万メートルの上空からヒマラヤを見下ろして、氷河の形態と分布を広域的に把握した。一方、スイスが生んだ短距離離着陸の名機ピラタス・ポーターを操縦するマウンテン・パイロット、キャプテン・ウィックの飛行によって、個々の氷河を観測した。

ふつう、飛行機に乗ると、地面を見下ろしながら飛ぶのが普通だが、ヒマラヤではそうはいかない。七〇〇〇、八〇〇〇メートルという高峰の近くを飛ぶ時には、飛行機より山の方が高い。窓から見上げると、首が痛くなるほど上向かないと山頂が見えない時がある。

ヒマラヤの山は高く、飛行は酸素吸入の時間を短くするためにそれほど高くないことが多いからである。大きい氷河が伸びている広い谷を飛ぶと、まわりをぐるっと自分より高い山で取り囲まれたような気分になり、自分の存在、というより自分を乗せた飛行機の存在が急に小さくなって、大自然の中の一点に浮かんでいるように思えてくる。

さらに、自分が飛び立った滑走路の下を飛ぶという体験をしたこともある。普通なら考えられないことだが、ヒマラヤの広い谷では滑走路が斜面の中腹にあるので、離陸直後に反転降下して谷底近くを飛ぶと、窓の上の方に滑走路が見えるという飛び方もできる。ヒマラヤの谷はいかに大きいかを示すエピソードである（樋口敬二「山水鳥話」〝ヒマラヤの鳥になって〟、朝日新聞、一九九一年一〇月四日夕刊）。

このように、北アルプスやヒマラヤの上空を飛行して雪渓や氷河の航空写真撮影を実施した観測が、後に名古屋大学と朝日新聞社が共同して二〇〇七年の秋に実施した航空写真撮影によるヒマラヤ氷河の観測（次頁図60）や二〇〇八年の秋に実施した雪渓の観測（一八〇頁図61）に発展し、地球温暖化による山岳雪氷圏の変動を解明する研究になったのである。

こうして、私にとって、飛行機は、雑誌、写真集で写真を見たり、飛んでゆく姿を地上から眺める存在から、列車やバスのように旅行する手段となり、さらに自家用車のように大空を自由に飛び廻る道具となった。つまり、private aviationの領域に生きる楽しさを知っている訳であり、そこにボイジャーの飛行に深い共感を持つ動機があったのである。

4　実物大モデルの展示に

これまで述べてきたような経緯によって、私が一九八七年三月の記念講演会でディックとジーナに会った時に、ボイジャーの機体を世界デザイン博覧会に出品して欲しいと希望を述

朝日新聞　1950年2月1日第3種郵便物認可　©朝日新聞社 2007年

2007年（平成19年）

11月25日

日曜日

天気	6	9	12	15	18	21
名古屋						0
豊橋						0
岐阜						0
高山						0
津						0
尾鷲						0
浜松						0
東京						0
大阪						0

朝日新聞名古屋本社

現在　エベレスト（後方）から続くクンブ氷河。一部は表面が土砂などに覆われている。融解が進み、やせ細っていることが確認されている＝23日、ネパール東部で、本社機「あすか」から、武田剛撮影

図60　1978年と2007年を比較した、ヒマラヤ氷河の航空写真
（朝日新聞／2007年11月25日朝刊）（次頁共）

1　14版　　2007年(平成19年)11月25日　日曜日

ヒマラヤ 細る氷河

面積3割減 湖は拡大

【カトマンズ＝冨岡史穂、佐藤修史】世界最高峰エベレスト（8848㍍）があるネパール・ヒマラヤで氷河の融解が進んでいることが、朝日新聞社機「あすか」による航空撮影で確認された。地球温暖化の影響などを探るため、名古屋大学の現地調査に朝日新聞社が協力、航空機を使った本格調査だ。名大が約30年前に撮影した写真と比べると、氷河はやせ細り、氷河湖は肥大化している様子がはっきりとうかがえた。

＝2面に関係記事

名大・本社 共同調査

地球異変

ヒマラヤの氷河の融解が進むと氷河湖決壊の危機だけでなく、インドやバングラデシュの下流域の水資源確保に影響しかねない。だが、ネパールに3千以上ある氷河のうち、現地調査されたのは1％に満たない。

現地調査をしているのは、名大大学院環境学研究科の藤田耕史・准教授(38)＝雪氷学＝ら。空撮は、名大と朝日新聞社が共同で23日から始めた。名大にとって約30年ぶりの本格的な上空からの調査となる。

初日はネパール北東部を飛んだ。エベレストに近い「クンブ氷河」（長さ約17㌔、幅約0・5㌔）は、土砂を伴って茶色の川のように蛇行する。融解し、氷河の厚さが薄くなっていることが確認されている。ほど近い「チュクン氷河」では下部が解け、茶色の山肌が露出していた。

78年の空撮に参加した上田《あげた》豊・名大名誉教授(64)＝雪氷学＝は「30年前と比べ、表面積の約3割が減った。失われた氷は相当の量だ。上部でも山の地肌があらわになるのは時間の問題」と話した。

空撮のほか、名大チームは10～11月、エベレス

29年前

78年の名古屋大調査で撮影されたクンブ氷河＝同大提供

68年10月 40年前の涸沢の雪渓＝本社機「東風」から、名古屋大学提供

08年9月 今年の涸沢の雪渓＝本社機「あすか」から、武田剛撮影

雪渓に温暖化の影？

北アルプス 40年前と比較

名大・本社共同調査

気候の変化を敏感に感じ取るといわれるのが高山。そこに残る雪渓は温暖化の影響を受けていないのか――。名古屋大学の研究チームに朝日新聞社が協力、今秋、本社機「あすか」を使った北アルプスの空撮をした。名大が保存する40年前の写真と比べたところ、主な雪渓が小さくなっていることがわかった。（編集委員・武田剛、冨岡史穂）

涸沢 長さ半分以下

「あすか」が急峻《きゅうしゅん》な岩尾根が連なる奥穂高岳（3190㍍）に左旋回で近づくと、涸沢カール（圏谷）が見え始めた。氷河期に浸食された椀《わん》状の氷河地形だ。その真ん中に、涸沢雪渓が細い筋となって延びている。登山シーズンにはテント村ができる有名な場所だ。

カール全体が入るアングルから数枚のシャッターを切った。すぐにデジタルカメラの液晶画面で再生し、40年前の同時期に撮った写真と並べてみた。雪渓の長さは、半分以下になっていた。

穂高岳連峰を北上、鋭くとがった槍ケ岳（3180㍍）へ向かう。東側の天上沢に回り込むと、こちらの雪渓もやせ細っていた。白馬岳の白馬大雪渓、鹿島槍ケ岳のカクネ里、剱岳の剱沢などでも、雪渓が小さくなっていた。

同乗した富山県立山カルデラ砂防博物館の飯田肇・学芸課長は「40年前と比べる限り、標高の比較的低い、雪渓の下の部分で雪が消えている。雪渓の中でも越年する万年雪が減っている可能性がある」と心配する。名大出身で、北アルプスの雪渓を長年調べている雪氷学者だ。

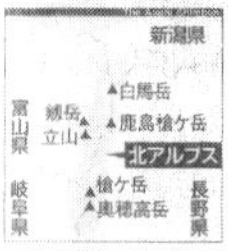

気象条件で変化

空撮は、雪渓が最も小さくなる9月半ばから10月初めにかけて3回行われた。

小さくなっていることが確認されたものの、雪渓は積雪量や気温など気象条件によって年々変化を繰り返す。長野市や富山市の降雪量は平年に比べて減少気味で、今夏の気温はほぼ平年並み。だが、高山の気象データが皆無に近いこともあり、今回撮影された雪渓の縮小だけでは、温暖化の影響とするのは不十分だという。

「継続が重要」

名大大学院環境学研究科の西村浩一教授（雪氷学）は「これまで増減を繰り返してきた雪渓が、ある年突然消えて、その後はなくなってしまうこともありえる。今後も調査を続けることが重要で、貴重な山の気候変化を探る資料になる」と話す。

名大は1968年、[illegible]二名誉教授（雪氷学）らが調査を開始。「北アルプス雪渓台帳」を作成するのが目的で、74年まで計7年間継続した。雪渓の場所や規模を記録したが、当時の資料が未整理状態になっていた。このたび、本社機「東風」を使って撮影された40年前の写真が発掘され、雪渓の長期的な変化を調べようと、今回の空撮が共同で実施された。

雪渓 キーワード 夏まで解けずに残る積雪。越年するものは万年雪という。高山の谷だけでなく、稜線（りょうせん）付近にもみられる。冬に降った雪を山に蓄える水源の役割を持ち、減少すれば水不足の原因になる。ヒマラヤなどにある氷河[illegible]

図61　1968年と2008年を比較した、北アルプス雪渓の航空写真（朝日新聞／2008年10月18日夕刊）。

べたのだが、ただ気になったのは、ワシントンの航空宇宙博物館に展示されているのは歴史的な名機であり、一端ここに収まると門外不出と聞いていたことであった。

ところが、半年間に及ぶ交渉の末、ついに博物館がボイジャーの展示に合意し、一九八八年三月一八日、名古屋市の西尾武喜市長がこれを発表した。これを受けて「ボイジャー、ミール　二つの超目玉」（朝日、三月二三日）、「ボイジャー、ミール　米ソ　空の競演も」（中日、四月一日）、「無給油世界一周の軽飛行機・ボイジャーが来る」（毎日、四月一日）と話題になった。この「ミール」とは軌道ステーションで、宇宙飛行士が三二六日間という最長滞在記録を達成した〝宇宙の家〟として、当時　評判になっていた。

そして、七月二五日に、私は「ボイジャーをどう見せるか - 世界デザイン博の課題」として、次のように書いた（中日、一九八八年七月二五日夕刊）。

世界デザイン博覧会の開幕まで、ちょうどあと一年。さる七月一五日には、起工式が主会場となる名古屋市熱田区の白鳥会場予定地で行われたが、ここに建てられるテーマ館にアメリカの超長距離実験機「ボイジャー」が展示されることが、去る三月一八日、西尾武喜名古屋市長から発表されて以来、全国的な話題になっている。

各地に散らばっている航空ファンから、航空界最後の夢といわれた無給油、無着陸による世界一周を成し遂げた機体の実物を見たい、という声が集まっているからである。私も、その一人としてそれを楽しみにしているのだが、一方、世界デザイン博・計画委員会の一人として、ボイジャーほどデザイン博にぴったりした展示はない、と喜んでいる。その理由の第一は、デザインとしての美しさである。写真でも一見して形の美しさは判るが、ビデオ記録を見ると、飛んでいる姿は普通の飛行機がトンボに似ているのに対して、アホウ鳥のように優美な形をしている。

極端に細長い翼は、空気抵抗を小さくするという技術的な要求から生まれたデザインで、それが美しさを生んでいるのだが、そんな翼の製作を可能にしたのが炭素複合材料の利用であることも、デザインと素材との関係を示す点で現代的である。

第二に、機体のデザインとともに、世界一周の夢を市民の手で実現したボイジャー・プロジェクト自体がデザイン博のテーマ「ひと・夢・デザイン」そのものだからである。それだけに、望まれるのは、ボイジャーの機体とともに、それをめぐる〝ひと〟を博覧会の入場者に、あるいは来場できない全国の人たちにまで、どんなふうに伝えるのか、その企画、〝デザイン〟の工夫である。

さいわい、私は来日したボイジャーのパイロット、ディック・ルタン、ジーナ・イェーガーの二人に会う機会を持ったが、本当に感じのいい人たちであり、そんな二人との会話は、若者にアドベンチャーを夢みるきっかけを与えると期待される。また、ボイジャーの設計者、バート・ルタン氏は、先尾翼というユニークな設計、新素材の利用などで、アメリカ航空産業の新分野を拓いたといわれており、彼の講演や討論は、日本の航空産業にこれまでにない方向を与える可能性がある。

だから、ボイジャーをめぐる展示、イベント、その他もろもろの関連企画を見事にやってのけないと、航空宇宙産業の中枢圏域を目指す名古屋圏の力量を問われることになる。全国の航空ファン、航空関係者の目が集まっているだけに、鮮やかにやって欲しいものである。

そこで、ボイジャー関連のイベントとして、一九八八年八月二〇日、デザイン博の打ち合わせのために、ジーナが名古屋を訪問、「ようこそ　イェーガーさん＝ボイジャー世界一周の女性操縦士」（中日、八月二一日）として歓迎された。八月二一日には、名古屋市科学館で子供達との交歓会が開かれ、ジーナは「ボイジャー飛行に質問攻め」（中日、八月二二日）に会い、「日本の子に冒険精神を」（朝日、八月二三日夕刊）伝えるとともに、館外の広場で子供達に囲まれてボイジャーの紙飛行機を飛ばせた。また、二三日には各務原市の川崎重工岐阜工場を訪れ、STOL（短距離離着陸機）「飛鳥」を見学し、パイロット達と交歓した。

そんな様子は、八月二〇日の「CBCニュース・ワイド」でテレビ放送されるとともに、「世界デザイン博ニュース」NO．6（一九八八年一〇月一五日）に美しいカラー写真で紹介されており（次頁図62）、「イェーガーさんってどんな女性?」という欄には、笑顔のジー

図62　ジーナさん、名古屋でボイジャーの紙モデルを飛ばす
「世界デザイン博ニュース」No.6より

ナと私の写真に添えて、私の印象が「ボイジャーで飛行する前に長い髪を切ったでしょう。その時の彼女の表情が淋しそうで、やっぱり女性なんだなって感じましたね。ただ飛行機の好きな女性とは見てませんね。チャレンジする気持がなくてはあの記録は達成できませんよ。」と記載されている。

このように、展示の雰囲気は盛り上がっていたが、一方で、問題が起こりつつあった。ボイジャー機体の輸送である。機体は接着で製作されたので、分解できないために、陸上輸送が難しく、船で名古屋港まで運んだ後、堀川を台船に載せて搬送する方法が検討されていた（中日、六月九日）。

しかし、ジーナ訪問の半年後の一九八九年二月七日、航空宇宙博物館から「輸送に耐えぬ」、「損傷の恐れ」によって、「貸出し不能」の通知があった。「ボイジャーはアメリカにとって国宝級であり、数百年にわたって保存しなければならない。機体は非常にもろく、運搬の際の損傷の危険性が高い」（中日、八九年二月八日夕刊）、「ボイジャーは離陸の際、両翼の先端に破損ができており、博物館に展示する際も二度、破損しそうになった。極めて壊れやすい新素材でできており、日本への輸送中に万一、損傷すると元の姿に戻せないことがわかった」（朝日、二月八日夕刊）のが理由とされた。

そこで、「ボイジャー墜落」（毎日、二月八日夕刊）、「デ博失速」（中日、二月八日夕刊）と飛行になぞらえた見出しが躍ったが、デ博協会はボイジャーを展示する方針を変えず、航空宇宙博物館の協力を得て、実物大のモデルを製作、展示することにした。これについて意見を求められた私は「航空宇宙産業の中枢圏域を目指す名古屋圏の、本当の力量が問われる時がきた。実物だけが持つ〝見せもの〟としての興味は損なわれたが、ボイジャー・プロジェクトを支えた技術と、人間の夢の在り方は地元の熱意次第で十分表現できる」という期待を寄せた（中日、三月二日）。

5　ボイジャーに学ぶ

こうして世界デザイン博覧会のテーマ館に展示されたボイジャーの実物大モデルは、ワシントンの国立航空宇宙博物館の協力によって分解できるようにアメリカで製作の後、日本に輸送され、デザイン博のテーマ館で組み立てられて展示された（図63）。

そのため、一九八九年七月一五日の開会式には、ジーナが参列した。私も参列して、開会式のあと、テーマ館の二階へ行くと、天井から吊るされたボイジャーを見上げるように、ジーナが立っていた。三度目の出会いだが、無口なこの人は、私が感想を尋ねると、ひとこと、「全くの新品ですものねえ」と、単純にうれしそうな笑顔で答えた（図64）。

確かに、頭上高く展示されたボイジャーは純白の美しい姿を見せていたが、私には、その白さがかえって、それが実物ではなく、モデルであることを感じさせるように思えた。とい

図63　デザイン博テーマ館に展示されたボイジャー実物大モデル（著者撮影）

図64　デザイン博を訪れたジーナ（中央）著者（左）、白井正巳（右）

うのは、その年の五月、航空宇宙博物館を訪れ、本物のボイジャーを見た時、私が打たれたのは、その長い主翼の全面にわたる汚れであったからである。九日間、飛び続けるとは、どういうことなのか、それを汚れが物語っていた（一一三頁図41左下）。

さて、第Ⅲ部1で述べたように、ワシントンの航空宇宙博物館の展示を眺め、そこを訪れている沢山のアメリカの人達の表情を見て、私が感じたのは、アメリカ人にとって航空機とは単なる〝物〟以上の存在で、自分たちが生み出した技術の誇りともいうべき精神的なものであることであった。つまり、航空機という〝見えるもの〟から、大空への挑戦という〝見えないもの〟を、アメリカ人は心に描いているのではないか。そして、ボイジャーも、また、その象徴の一つであり、あの美しい機体の向こうには、ボイジャー・プロジェクトという〝市民の心〟がある。デザイン博の展示を見て、学んで欲しいと思ったのは、その点である。

ここで、〝見えるもの〟、〝見えないもの〟という表現を使ったのは、わけがある。一九八九年八月一日に、デザイン博開催を記念して名古屋で開かれた日本未来学会'89名古屋シンポジウムのタイトルが、「未来をデザイン - 見えるものから見えないものへ - 」だったからである。

川喜田二郎中部大学教授（当時）の基調講演「創造の町」のあと、七人のパネリスト（肩書きは当時）がテーマをめぐって各分野の話をされたが、私は、総合司会の栄久庵憲司さんから全体の総括をするようにいわれていたので、最後に各氏の発言をボイジャーに結び付け、次のように括めて話した。ボイジャーの背後にある〝見えないもの〟を知って欲しいと思ったからである。

まず、日本モンキーセンターの河合雅雄さんは、「動物の中でサルだけが森という緑の三次元空間を棲家にし、これがヒトにも生きている」といわれたので、私は二〇世紀の初頭、ドーバー海峡を初めて飛行機が横断した当時、ヨーロッパに滞在していた寺田寅彦が、第Ⅳ部3で述べたように、「この頃、こっちの人間はだいぶスリーデイメンション（三次元）になりかけている」と書いていたことを挙げ、ボイジャーこそ、飛行という三次元空間における行動の象徴であるとした。

次に、童話作家の角野栄子さんが、彼女の話題作「魔女の宅急便」は〝空を飛びたい〟という子供の心から広がる世界だと言われ、そのままボイジャーの〝より遠くへ飛ぼう〟という夢の実現につながる内容であった。

続いて、大谷大学の岩田慶治さんは、自分の心に持ち続けている原風景を大切にするように、と言われたが、私にとっての原風景には、神風号による亜欧連絡飛行があり、これもボイジャーに関連付けて共感できた。

日本総合研究所の岸田純之助さんは、新技術開発における心得の一つとして、「航空機の設計では、バランス感覚が重要で、形の美しい機体は性能もよい」と言われたが、ボイジャーはその典型である。ただし、陶芸家の加藤伸也さんは、「そのものだけ、そのためだけのものは、デザインよりアートと呼ぶべきだ」と言われ、ボイジャーはその境目にあるといえよう。

ケンリサーチの村野賢哉さんは、宇宙技術の観点から「アメリカでは最初にコンセプトがあって、それを実現するために、新しい技術を生むが、ソ連（当時）は、現在の技術の組み合わせでやれる限りのものを作る」といわれたが、無給油・無着陸世界一周というコンセプトから生まれたボイジャーは正にアメリカ的である。

最後に、建築家の菊竹清訓さんは、海上都市を例にして、自然と共存する〝柔構造〝が大切だ、と指摘されたが、デザイン博のテーマ館で見られる映像によってボイジャーが離陸するシーンを見た人は機体の柔らかさに驚かれたに違いない。

こんな訳で「未来をデザインする」というテーマで話されたパネリストのご意見の多くは、ボイジャーと結び付けると、よく理解できる内容であった。

ということは、逆をいえば、ボイジャーには、未来の夢をデザインするための素材が一杯つまっている、そのことをデザイン博でボイジャーを見た人は学んで欲しい。私はそのように総括して、始まったばかりの世界デザイン博覧会を多くの人達が楽しまれるよう、招待の言葉としたのである。

6　若者たちに夢をおくる

そんな世界デザイン博覧会の開催から二〇年の歳月が流れ、その間に、私はボイジャーと次のようにさまざまな関わり合いを持って来た。

先ず、一九九一年に名古屋大学を定年退職して勤めた中部大学国際関係学部では「現代文明論」を担当したが、尊敬する先輩・梅棹忠夫さんの文明論に従い「文明とは、人間と装置とで構成する一つの系、システムである。」と定義し、〝装置〟の一つとして、飛行機について一〇回の講義をした。

その中で機体の抵抗を減らす例として、ボイジャーについて写真、三面図のプリントを配布して紹介したところ、好評であった。学生の感想文の中には「〝現代文明論〟の講義の中で、最も強く記憶に残っているのは、ボイジャーの講義である。アメリカ人にとって、飛行機とは単なる物ではなく、文化である。もう少し言ってしまえば、〝夢〟である。アメリカン・ドリームを体現したボイジャーの背景に、アメリカという国のスピリットを感じることができた。」とあって、学生諸君の手応えを感じた。

次に、二〇〇〇年には、一九九三年から館長を勤めていた名古屋市科学館の関係で、名古屋市の広報誌「Nagoya発」に登場することになった。二〇〇〇年六月号・特集：二一世紀に伝えたいこと。名古屋から―1「創意工夫」のインタビュー「創意工夫の極意とは？」であったが、その中で「創意を生み出すのは夢」と題して、ボイジャーについて話し、出来上がった紙面には平原上を飛ぶボイジャーの姿、デザイン博での実物大モデルの展示、来日したジーナの写真が掲載されている。

次いで二〇〇三年には、文部科学省主催の「ものづくり体験教室指導員全国会議」に講演を頼まれたので、「創造力は手作りから」という題で、〝手作り飛行機〟としてのボイジャーを語り、映像記録「ボイジャー・ハイライト」も投影したが、離陸の瞬間、下に弓なりだった翼がビューンと逆に撓むシーンではどよめきが起こり、ホームビルト機の強靭さが実感によって理解されたことが判った。

二〇〇八年七月一一日には、岐阜市で開催された中小企業産学連携製造中核人材育成事業「中部・岐阜発！航空宇宙ものづくりイノベーターの育成」の開講式に参列し、「我が国航空宇宙産業の将来と人材育成について」の基調講演「ライト兄弟から折り紙スペースプレーンまで」（講師・鈴木真二・東京大学大学院教授・航空宇宙工学専攻）を聞いた際、ボイジャーの写真を参列者に見せつつ、ライト兄弟以来の航空史におけるボイジャーの存在の大きさを強調するコメントを述べた。

そして、この際、岐阜県関市にある中日本航空専門学校の浅野敏美校長と知り合ったので、九月三日に同校を訪問したが、専用の滑走路を持ち、そこに引っ込み三脚のビーチクラフトを一一機、ベル206Bを七機、それに双発機など合計三二機の所有機を待機させている設備と教材に圧倒された。そこで、ボイジャーの大阪写真などを寄贈して、学生諸君がボイジャーに関心を持つきっかけとし、講演の機会を期待している。

こうして二〇〇九年に至ったが、その七月一五日、世界デザイン博覧会の開会と同じ日に二〇周年を記念する懇談会が名古屋国際会議場で開かれ、当時の関係者約一〇〇人が参集した。会議場はかってのテーマ館であり、ボイジャーが展示されていた所だけに、私は申し出て、ボイジャーの大阪の写真を示しつつ、一五分ほどのスピーチをした。

世界デザイン博覧会のテーマ館に〝ボイジャー〟を展示するには、計画委員会の段階から関わっていたので、ボイジャーについて、最近の情報をお知らせした。先ずテーマ館に展示されたボイジャーの実物大モデルの行方だが、博覧会の後、アメリカに送られて、女性パイロットのジー

図65　シアトル・タコマ空港に展示されていつボイジャーのモデル。

ナ・イェーガーの所有となり、The Museum of Flightに保管されていたが、現在はシアトルとタコマの共有空港であるシー・タック(Sea Tac)国際空港に貸し出され、空港ターミナル・ビルに図65のように展示されていることを紹介した。

次に私が、展示二〇周年の記念に、これまで収集してきたボイジャー関係の文献、写真、グッズなどの諸資料を整理して、一冊の本にまとめて出版することになり、若い世代にこれを読んでもらい、ボイジャーをめぐる〝ひと・夢・デザイン〟を通じて、未来に大きな夢を抱くきっかけにして欲しいと願っている、と述べた。

こうして、ボイジャーの思い出を新たにすると共に、その印象をより深くするために参加者に記念のプレゼントをした。話す際に示した、ボイジャーの太平洋に乗り出す雄姿、特有の形態を示しつつ内陸平原や海岸近い雲上を飛ぶ姿など三種の大阪写真、それにワッペン二種、バッジ、ピンなど、一〇点を抽選で選んだ人達に送呈したところ、会場は大いに盛り上がり、懇談の話題となった。

このように、話の時でも、会話の際にも、本書の刊行を紹介し、この本が小学校、中学校、高等学校の図書室に寄贈されたり、授業の資料に使われたりしてデザイン博覧会の記憶とともに、ボイジャーの夢と技術が次の世代に伝えられることを期待したのである。

一方、二〇〇九年六月八日、愛知県発表によると、愛知県は宇宙航空研究開発機構の国産ジェット機の研究施設を名古屋空港の隣接地に誘致すると発表し、宇宙機構は、三菱航空機などと、国産初の小型ジェット機「ＭＲＪ」や次世代航空機の開発を進める計画である。特に三菱航空機の江川豪雄社長は「ＭＲＪは炭素繊維の複合材技術で機体を軽くし、燃費を二〇％も良くする。」と述べているので（七月一九日朝日・朝刊）、ＭＲＪはボイジャーの延長線上にある訳で、そう考えると、軽量化、低抵抗化によって最大の距離を飛んだボイジャーは最近の地球環境問題の時代における省資源、省エネルギー技術の先駆であると言ってよい。

そんな評価を強く感じたのは、二〇〇九年一一月二〇日、名古屋で開催された研究会「人と地球を考えた新しいものつくり」で、石田秀輝東北大学教授の講演「自然に学ぶ　あたらしいものつくりの　か・た・ち—地球環境からものつくりを考える—」を聴いた時である。この講演で石田教授が提唱している〝ネーチャー・テクノロジー〟、自然観を取り戻したテクノロジーの例として、トンボの羽はギザギザによって抵抗が小さく、それを応用してそよ風でも回る発電用風車のアイデアが提示された。そこで、講演後の討論で、私はボイジャーの翼の上面には沢山の小さい羽根が取り付けられ、それによって抵抗を小さくしたことを紹介したが、その時にボイジャーは地球環境問題に貢献する技術の先駆であるという実感を持ったのである。

そう思うと、ボイジャーは地球環境の時代において新しい意義を持つことになり、そのために、本書が航空愛好者だけでなく、環境問題を考える読者層にも愛読されることを願って、結びの言葉としたい。

Column

ボイジャーのプラモデル

私は長い間、ボイジャーのプラモデルは無いと思い込んでいた。というのは、プラモデルの製造には、著作権者の承認が必要だが、ボイジャーの場合、ボランテイアなど協力した人の数が多く、その人たちの同意を得るのが難しいので、プラモデルが作れないのだという話を聞いたことがあったからである。

ところが、インターネットで購入できるようになり、「ボイジャー」で検索した結果、「Aモデル1/72　ボイジャー世界一周長距離記録機」というプラモデルがあることが判った。嬉しくて、早速、通信販売で二機を注文したが、在庫は1機で、辛うじてその一機が送られて来た。

入手して見ると、製造はA　model,Warsawa,Polandとあり、アメリカやヨーロッパでは許可が取れなくても、ポーランドなら規制が及ばないので、製造が可能だったのだろうと想像された。図のように、タイトルにRutan Voyagerと、Rutanが入っている処が特徴である。ただし、さすがはポーランド製で、説明はロシア文字で書かれていて、私には読めない。

その後も、時々インターネットでボイジャーのプラモデルを検索していたが、二〇〇九年一月に「模型店　けいくらふと」のカタログに「Aモデル　7　2　0　2　9　1/72ボイジャー世界一周長距離記録機」が出ており、箱の表紙の絵が図と違うので、注文してみた。そこで、送られて来た箱を開けてみると、中身は変わりなく、やはりポーランド製で、ロシア語の説明が付いていた。「Aモデル」というメーカーの名前が同じだから当然ではあるが、ひょっとしたら別物か、と思うところがマニアの弱みであり、それでも絵の違った箱を持っているだけでもコレクションに一つを加えたと喜ぶ気持を同感される人もおられると思い、紹介しておく。

なお、"Rutan Aircraft"(1987)に出ている募金活動の記録（二三九頁）によると、アメリカでは　ボイジャーを1/64に縮小したソリッド・モデルが売られていたという。募金のため、カラー写真ポスター、ビデオや、Tシャツ、カップ、ワッペンなどのグッズとともに、販売され、卓上の置物として作られたものだが、価格は二〇〇ドル（約二万円）であった。そのため、ディックは「ちょっと高いようだが、まあボイジャー・プロジェクトを支援していると思って下さいよ」と弁解していたそうである。

図4－7　FAI　飛行記録は飛行距離の時間的変化を示した図で、ボーイングB－52Hの記録の後、ボイジャーが飛躍的に記録を延ばしたことを判り易く示している。両機の略画も良い。

36）近藤次郎『飛行機はどう進化するか－ライト兄弟から100年』（講談社　ブルーバックス　1996年8月20日発行）

第1章「ボイジャーの快挙」でボイジャーの飛行を高く評価しているのは嬉しいが、「もし、エドワーズ空軍基地から反対に、東向きの航路を取ったなら、偏西風にのって、所要時間は一日近く短くなっていたはずである。ここに彼らの意気込みがうかがえよう。」とあるのは誤りである。

37）『大空への夢と挑戦』（「航空機産業技術展」開催記念、機械産業記念事業財団　TEPIA　1996年9月30日発行）

26～27頁で野田昌宏氏がジーナ・イェーガーは音速を超えたパイロット、チャック・イェーガーとは遠縁に当たるとしているのは誤りである。

38）学研の図鑑『自動車・飛行機』（学習研究社、初版2001年（増補改訂）、2006年12月4日発行）

「おもしろ飛行機」の項に、大版の頁の下半分の大きいコラム欄に「バート・ルタン」のタイトルで、ＥＺのモデルに囲まれたバートの写真と「かわった形の飛行機をデザインすることで有名な設計者です。」という説明があり、ボイジャー、スペースシップワン（ホワイトナイト）、ポンドレーサーの写真が出ている。特にポンドレーサーの写真は着陸中の機体を後ろから3本の胴体を撮った初めて見る写真で、説明には、「1990年に、レシプロエンジンによるスピード記録をねらって作られました。エンジンは日本の日産自動車製でした。」とあって、日産との関係を初めて知った。

28）福本和也『暗黒航路』（徳間文庫、1989年9月15日発行）
航空活劇小説で、239頁に主人公がボイジャーで脱出するとされており、表紙にボイジャーの絵がある。

29）『世界デザイン博覧会　公式記録』（博覧会協会、1990年3月）
ジーナ来日、ボイジャー展示　写真

30）『サイエンスNow 10』（平凡社、1992年4月3日）
「より早く　より遠くへ」
総監修：福井謙一、監修：家田仁、小田泰平、小山健夫、長友信人
「飛行機の形」（40頁）変った形の飛行機　ボイジャー（写真）

31）安東茂典『水面飛行機の開発』（パンリサーチ社、1989年8月19日発行）
「高い有効揚抗比を得る手段」は大きいアスペクト比であるとして、ボイジャーを例に挙げ、「航空情報」（1987年3月号）の写真を転載。

32）『新名機100　未来機への系譜　ライト兄弟初飛行90周記念』（別冊『航空情報』、酣燈社、1994年1月4日発行）
「アメリカン・ドリームを果たした世界一周機」写真と三面図

33）加藤寛一郎『隠された飛行の秘術』（講談社、1994年6月27日発行）
183～184頁「最良アスペクト比」の例としてボイジャーの平面図。

34）東昭『航空の革新技術』（酣燈社、別冊『航空情報』、特別講座“航空　を科学する”1996年5月3日発行）
12頁、複合材製飛行機の例としてボイジャー（写真）
18頁、複合材の加工

35）吉川康夫『航空の世紀』（技報堂出版、1996年7月25日発行）
100～102頁　4.5　飛行距離の記録

「閉鎖症名古屋」研究「名古屋がおしゃれしてみたら」(大岩ゆり)
デザイン博の囲み記事の見出しで、「ボイジャー」のモデルの展示を紹介。

22)『デザインのこころ』(博覧会協会、1989年7月8日発行)
「ひと・夢・デザイン／世界デザイン博覧会・テーマ館」
「15　わたしの夢　人類の夢、ボイジャー：個人の夢、勇気—仲間の協力——周達成—世界の人へ」

23) ‘89　名古屋シンポジウム「未来をデザインするー見えるものから見えないものへ」
日本未来学会＜世界デザイン博覧会オープン記念＞、1989年８月１日、名古屋東急ホテル
「未来研究の意義」加藤秀俊
基調講演　川喜田二郎
パネリスト　岩田慶治　加藤伸也　角野栄子　河合雅雄
菊竹清訓　岸田純之助　村野賢哉
総　括　樋口敬二　総合司会　栄久庵憲司

24) 樋口敬二「ボイジャーから学んでほしいもの」
未来学会シンポジウムのまとめを、中日新聞文化欄用に1989年8月8日に書いた原稿だが、寄稿を止める。

25)『紀行』(名鉄だより、第362号　1989年8月)
5頁「デ博で見たすばらしい展示品」、ボイジャーの写真；「最新の科学とテクノロジーが生み出した独創的なデザインに注目したい」

26)『デザインの歴史』(博覧会協会、1989年、デザイン博テーマ館)
ボイジャーの線画あり。

27) 英文ガイド『World Design Exposition '89』
翼が下向きにたわんだ写真あり。

モデルの写真、設計図が記載されている。

15）『無限大』No.79、1988年秋、日本アイ・ビー・エム）
　　「メディアがつくったヒーローたち」（能登路雅子）
　　「アメリカの文化　ヒーロー」
　ボイジャー計画が成功した時、「民間人がこういうことを成し遂げたということは、アメリカの偉大さ、自由というものを象徴していると思い、非常にうれしい」という声明を出したのは、自分たちの理解できる範囲内での偉業というところに、アメリカ人の関心の対象が移ってきた兆しと述べている。

16）鈴木孝『エンジンのロマン』（プレジデント社　1988年第1刷、
　　1990年　第8刷、加筆　三樹書房2002年4月15日初版発行）
　[34]ボイジャーと航研機（354頁～360頁）にある「—希薄燃焼に挑んだエンジン。双発、実質は単発。共に避けたデーゼル新規開発の冒険—」という見出しにエンジン関係の技術者らしい視点がよく表れている。

17）樋口敬二『新しい日本を創る』（講談社、1988年12月発行）
　ボイジャーが名古屋にやってくる　ボイジャーをどう見せるかについて

18）『世界デザイン博ニュース』（博覧会協会、№6、1988年10月15日発行）
　「それは“美しい裏切り”でした」というタイトルで、ジーナの名古屋訪問をカラー写真、樋口の印象などを紹介している。

19）「ボイジャー展示できず」
　朝日新聞、毎日新聞、中日新聞1989年2月8日夕刊以降の記事。

20）『世界デザイン博ニュース』（博覧会協会、№9、1989年7月1日発行）
　No.3と同じ写真を小さく掲載。

21）『Aera』（№30、1989年7月18日）

由美さんがボイジャー研究家の山田功男キャプテンにMojave飛行場を案内され、VIPのメンバーになった経緯が語られている。

「航空界の夢を実現したボイジャー」にある「ボイジャーの機体の登録番号はN269VAと決めた。アメリカ陸軍航空部隊の“2”機が“69”回の寄港・給油によって世界初の世界一周を達成させたことにあやかった」という指摘は面白い。

10）『自動車研究』（第10巻第2号、1988年2月）

「NHTSA　衝撃吸収材の評価」（桜井実ほか）

ボイジャーのCFRPのハニカム材の参考資料として入手したが、アルミハニカムに関する資料であった。

11）『世界デザイン博ニュース』（博覧会協会、No.3、1988年3月20日発行）

「ボイジャーがテーマ館に登場！」

ボイジャーとパイロットの大きい写真がある。

12）『世界デザイン博ニュース』（博覧会協会、No.4、1988年6月15日発行）

「アメリカから無給油無着陸の世界一周機「ボイジャー」登場」1／4頁にNo.3と同じ写真を小さく掲載。

13）『朝日新聞』（1988年7月15日朝刊）

“夢に挑んだ二つの形”

「ボイジャー　無着陸で世界ひと回り」。第一幕第一話「その時妙な双発機が飛んだ」同第二話「親友の元・宇宙飛行士とともに」力強い裏方、貝増芳紹（日本宇宙少年団の責任者）がスミソニアン博物館にボイジャーの展示を承諾させた後、1988年5月9日、急死した記事。

＜予告編＞　何で運ぶのか―ワシントン＝トレーラー＝船＝名古屋港＝堀川＝台船。

14）『ラジコン技術』（1988年9月号）

「ボイジャーの1／6.6ラジコン・モデル」

中国の天津航空運動学校の教官・陶象乾が設計、生徒が製作したリカの報道に基づくような印象を受ける。

6）『航空技術』1987年3月号
「ボイジャー成功の背景」(編集部、アビエーション・ウイーク1987年1月5日号から)、「ボイジャーを設計したバート・ルタン」(石川明)
「ボイジャー成功の背景」では、アメリカらしく国防総省とNASAの支援の重要性を強調している。「ボイジャーを設計したバート・ルタン」はバート・ルタンの優れた紹介で、Rutan Aircraft Factory（RAF）とScaled Composites（SC）という二つの組織の関係がよく判る。また、ジョン・ロンツという翼型設計研究者の貢献を紹介している。

7）『中央公論』1987年3月号
「自然の筋目を縫って－地球一周ボイジャー機の新しさ－」（日野啓三）
小学校上級～中学にゴム動力模型飛行機に夢中で、それが「ボイジャーはゴム動力機的だった。」という表現に表れていて面白い。

8）『航空ファン』1987年4月号
「ボイジャー　世界一周超長距離飛行達成！」（アート・写真、60～63頁）。「着陸に際して　全く迎角をとっていないのに注目」の説明は“Voyager”（322頁）のSmooth and level and lined upに通じる。

9）『おおぞら』（No.274、1987年6月号、日本航空社内情報誌）
写真記事「ボイジャー飛行士　日本の空を飛ぶ」(12～15頁)、「航空界の夢を実現したボイジャー」(33～37頁、山田功男・日本航空 飛行技術調査役 機長)
写真記事には1987年3月1日、JL61便で来日、桶川のHonda Airportから日本飛行船事業のスカイシップ500に搭乗、操縦するジーナの写真あり。
ボイジャーをバックアップしたボランテイア組織“VIP”（Voyager's Impressive People）の数少ない日本人メンバーの一人、重黒木真

和書（国内）

1）柳田邦男「ボイジャー——世界一周飛行の成功　連載・事実の素顔（71）」（『週刊文春』1987年1月15日新春特別号）

小見出しの「“手づくり”世界一周」、「軽さは人力飛行機並み」、「功労者はエンジンだ」はボイジャーの本質をよく表わしている。

2）「飛べ！ボイジャー、ゴールは目前」、「前人未到の大記録、無給油･無着陸で世界一周に挑戦」（『週刊朝日』、1987年１月15日号）

3）樋口敬二「ボイジャー世界一周讃歌」（『信濃毎日新聞』、1987年2月9日　朝刊＜月曜評論＞』

4）『航空情報』1987年３月号

グラビア「大成功！ボイジャーの冒険飛行」、「「ボイジャー」の世界一周　空の大航海時代の幕開け」（永井幸雄）、「航空史を飾った長距離飛行の挑戦者たち」、「いま、なぜCANARDなのか－無着陸世界一周機“ボイジャー”に至る道―」（瀬尾央）、クローアップ「86年の最後を飾る明るいニュースとなったボイジャー」

グラビアの写真では、操縦席がいかに狭いかを示したモックアップの図の写真が面白い。永井氏の「台湾でボイジャーに遭遇」という小見出しは、まるでボイジャーを見たような錯覚を与えるが、実は1986年12月15日に、高雄で現地の新聞にボイジャーのことが、「美　旅行家　飛機　展開　環球之旅」の見出しで「今天起飛進行　実験飛行時」、「右翼受損」、「然面雨位飛行員乃然升上　太平洋上空」と報じられていたという事実で、ボイジャー余話として面白い。

5）『航空ジャーナル』1987年３月号

グラビア「無給油・無着陸世界一周　ボイジャー」、「ボイジャー無給油・無着陸世界一周達成」（岡芳雄）

グラビアの写真は１頁だけで、写真：ロイター・サンとあるが、岡氏の記事の写真、図もロイター・サンであり、記事の内容もアメ界航空機文化図鑑」（東洋書林、2003、2万5千円）である。

最後のSmall is Beautiful の章の始めの２頁に見開きで、ボイジャーの大きいカラー写真が出ているが、ウイングレットがついているので、テスト飛行中のものと思われる。説明に、「ボイジャーのデザイナー、バート・ルタンは、ライト兄弟と同じように、水平安定板を尾部ではなく前部に置くカナードのデザインを好んだ。」と書いてあるのは、やはりライト百周年を連想させる。

27）『A Century of Flight』

The Illustrated Directory of Ray Bonds（Salamander Books, London, 2003）

文庫版を縦だけ1.5倍に伸ばしたサイズの本だが、厚手の紙で360頁の立派な図鑑である。Voyagerは、Advanced Technologyの章に出ており、写真の説明に、

「The first unrefueled flight ----achieved not by multi-million dollar bomber, but by Bert Rutan's radical ,private-venture Voyager ,on December,1986.」

とあるのは、35年にわたって広い視野から航空史の本を書いてきた編者のBondsの思想の反映として面白い。

28）『The Aviation Book』The World's Aircraft A－Z

Fia O Caoimh（Thames &Hudson, London, 2006 ）

縦横30センチ、352頁、厚さ４センチ、重さ2.5キロという大著で、アイルランドの画家でパイロットのFia O Caoimhが1996年～2006年の間に描いた絵を集大成したもので、“Aviation A-Z”の章で飛行機メーカーのアルファベット順に機体を絵で紹介し、総数420機に及び、各機の所元と絵を“Technical Data”の章に括めてある。

意外なことに、Voyager が記載されているのは、“The Timeline of Aviation”という最初の章に「1986 Rutan's non-stop non-refuelled global flight」として、淡い世界地図を背景にしたボイジャーの小さな絵と簡単な記録があるだけで、本文の絵にはバート・ルタンの機体は多く紹介されているのに、A-Zにボイジャーが取り上げられていないのは不思議である。

の最後に(121頁)、モノクロの小さな写真と説明でボイジャーが登場する。写真の説明は簡潔で、「大気中における始めて無給油世界一周飛行は数百万ドルの軍用機ではなく、バート・ルタンの radical （急進的な）ボイジャーによって行われた。それは“state -of-art”（もはや芸術の域に達した）とそれ自身が物語っているような機体である。」と述べているのは、20）のaesthetic（芸術的な）と共通していて興味深い。

24）『Air and Space』
The National Air and Space Museum Story of Flight, Smithsonian Institution,
Andrew Chaikin （Bulfinch Press/ Little ,Brown and Company, 1997）
NASMにおける展示機の写真と関連する当時の写真による航空史の本で、ボイジャーの説明では、a composite-built aircraftとessentially a flying fuel tankという言葉によって機体の特徴を表している。

25）『－Classic－Aircraft』
Brian Johnson （Channel 4 Books, London, 2000）
サブタイトルに“A Century of Powered Flight”とある航空史の本で、最終章の一番おしまいにボイジャーの写真が出ている。前輪だけを出している姿勢の写真は珍しいが、ウイングレットが付いているから、記録飛行前の撮影である。
説明は記録の記載だけだが、used a“paper-based honeycomb structure”という表現で機体の構造的な特徴を明記してある。

26）『Flight』100 Years of Aviation
R.G. Grant（Smithsonian National Air and Space Museum,Duxford, Imperial War Museum, Darling Kindersley Limitted, 2002）
ライト兄弟初飛行100周年記念の刊行物で、大版440頁、厚さ3.5センチ、価格1万6千円の大著で、NASMとイギリスの Imperial War Museumとの共同編集による百年の航空史であり、その訳が「世

20）『Aviation A Smithsonian Guide』
Donald S. Lopez （Macmillan,USA,1995,ペーパーバック版）

小型ペーパーバックの航空宇宙博物館のガイドブックであり、ボイジャーの写真の説明は短いが、「普通は11,000フィート以下の高度で飛行したが、アフリカ上空ではturbulenceを避けるために、20,000フィート以上の高度に達した。」という記載があり、世界一周飛行の重要な部分が紹介されている。

21）『The National Air and Space Museum』
Barbara Angle Harber （Smithmark Publishers,1995）

26－27頁にボイジャーの展示写真があるが、クローズアップで細部が判る。説明は“Possibly the most aesthetic flying fuel tank ever built”とあるだけだが、「恐らく、これまで作られた最高の芸術性のある（aesthetic）空飛ぶ燃料タンクだろう」という表現はボイジャーの特質を見事に捉えている。

22）『Conquer The Sky』Great Moments of Aviation
Harold Rabinowitz （Metro Books, 1996）

大判ハードカバーの立派な航空史の本で、203頁の本の最後を飾っているのがボイジャーで、“Slower（and Quieter）Record-Breaking Flight”という章に、「機体が離陸する際に、翼端が滑走路で擦られ、危険な状態で離陸した時、それを見た人達の中には、約一世紀前のキティーホークにおけるライト・フライヤーの歴史的な離陸を回想した人もあったことだろう。」という文章で終わっているのは、サブタイトルの“Great Moments of Aviation”にふさわしい結びとなっている。

203頁には、珍しく下から見上げた機体の写真が出ているが、翼端がちぎれているので、記録飛行達成の後に着陸する際の撮影と思われる。

23）『The Story of Aviation』A concise history of flight
Edited by Ray Bonds（Greenhill Books,1997）

大版144頁の航空史の本で、記録飛行に挑んだ人々を紹介した章修学旅行用の薄いパンフレットである。有名な飛行機がスケッチ風の絵で紹介されているのが良い。

15）『Chronicle of Aviation』

　　（Chronicle Communication Ltd, UK ,1992）

984頁もある大著で、色刷りのカバーに　ボイジャーの写真が代表的な飛行機とともに出ている。ボイジャーが出ているのは817頁で、操縦席の装備の図解と説明があるのは　この本だけであり、この図は他にないので、いろいろな場合に引用するため、拡大して図化し説明を訳した。

16）『Smithsonian FRONTIERS of FLIGHT』

　　Jeffrey L. Ethel（Smithsonian Books, 1992, distributed by Orion Books）

“The Last Great World Record " 231－247頁がボイジャーの記録であり、全訳したので、本書では随所に引用した。

17）『Smithsonian FRONTIERS of FLIGHT』ペーパーバック版（1992）

16）のペーパーバック版。ただし、表紙の写真はボイジャーではなく、Lockheed SR-71 偵察機である。

18）『L' Aviation』（Grund,1992）

10）『The Lore of FLIGHT』の仏訳である。

19）『SKYBOUND』

　　Het Avontuur Van Het Vliegen（Leo van der Goot ,1992）

オランダ語の本で、ボイジャーの写真はないが、65頁の写真には、石作りの柱に Welcome to Moyaveという大きな字をアーチ型に載せた案内版に、Home of the Voyagerという字の下にボイジャーの絵が描かれている。

一方、88頁には、バート・ルタン設計のDe Pond Racerの写真があるが、ボイジャーの翼を短くして、中央胴体を後ろに持っていったような形で、ボイジャーからの発展として興味深い。

Books, 1988）
8）のソフト・カバー版である。

10）『The Lore of FLIGHT』
(New Revised Edition, MDD Promotional Books Company Inc.,1990)

ボイジャーの綺麗な線画があり、航空機製造における複合材料の役割の大きさを強調し、その例としてボイジャーを挙げている。

11）『Supershow - The best in air racing and display』
Philip Handleman et al.（ Oprey ,1990 ）
SHOWTIMEに1984年のairshowに飛来したボイジャーの写真が出ており、「1984 年のエア・ショー・シーズンのスターは、丁度10回の飛行を終えて、6月にモハービの基地からオシュコシを訪問したボイジャーである。」という説明がある。

12）『Milestones of Aviation』
Smithsonian Institution National Air and Space Museum, Edited by John T. Greenwood（Crescent Books N.Y., 1989, 1991 edition）
FARTHERという章の始めに、アメリカ海岸から太平洋に出るボイジャーの大きい写真があり、75頁に着陸直前のボイジャーと地上の写真がある。タイトルのAround the World on one Tank of Gasというのは表現として面白い。

13）『The National Air and Space Museum』
C.D.B. Bryan,（Abradale Press, N.Y. 1992, Newly Revised and Updated）
138－140頁に、展示されているボイジャーの美しい写真と説明がある。Flying fuel tank という表現が使われている。また、翼のたわみで翼端は30フィートも上下するとある。

14）『Air & Space （National Air & Space Museum）』
Youth Program , School year 1992-93

Jack Norris （1988）

ボイジャーのミッション・コントロールのテクニカル・デイレクターNorrisによる公式報告書であり、What did happen ,what was done and how it was done. の記録である。

5）『The National Air and Space Museum』(パンフレット、1995)

1階の説明図、写真などがある。ライト兄弟による最初の飛行、最初の音速突破飛行、そして最初に人類を月から無事に帰還させた飛行、その三つを成し遂げた機体が展示されており、世界一周飛行の成功後、ボイジャーが展示されるようになったのである。歴史的な機体は頭上高くに吊り下げられているが、ボイジャーはホールの中央に低く展示され、身近にみることができる。

6）『Voyager』

Jeana Yeager and Dick Rutan with Phil Patton (Alfred A. Knopf, New York,1987)

入手して間もなく拾い読みして、 The Last Great World Record を訳す時に、関係する部分を引用して、補足に使う。

7）『The Complete Guide to Rutan Aircraft』

Don & Julia Downie （Third Edition .TAB Books Inc.1987）

First Edition は1981年の刊行だが、ボイジャー成功の翌年に、Third EditionをIncluding VOYGER'S trip around the worldとして刊行し、最終章にVoyager:The 23,000-Mile Challengeとして、ボイジャーを紹介している。

8）『The Smithsonian Book of FLIGHT』

Walter J.Boyne（Smithsonian Books Orion Books ,1987）

ボイジャーの写真が出ているのは2か所で、26頁には、International Experimental Aircraft Association “FLY IN CONVENTION” のゲートの写真が出ている。

9）『The Smithsonian Book of FLIGHT for young people』(Aladdin

参考文献

洋書（英文）

１）『Great Aircraft and their Pilots』
Roy Cross （New York Graphic Society Ltd ,1972）
ボイジャーの以前に出た本だが、扉にディックとジーナによる次のようなサインがある。「To Mr.Keiji Hizuchi Voyager World Flight 3.8.87 Dick Rutan Jeana Yeager」
“ヒズチ”とあるのがご愛敬で、1987年の３月８日、東京で小松左京さんと一緒に会った時、私はこの本を見せて、「将来、この本の改訂版が出る時には、Great Aircraft としてボイジャー、Pilots として二人のことが記載されるに違いない。そのかわりに、この本にサインして欲しい」と言って、上のようなサインをしてもらったのである。

２）『Jane's Pocket Book of HOME-BUILT AIRCRAFT』
Edited by John W.R. Taylor （Macmillan Publishing Co.Inc.,1977）
ジェーンの航空年鑑は有名だが、ポケット・ブック版があり、バート・ルタンが設計したホーム・ビルト機 Rutan Varieze と Rutan Varivigenが記載されており、バートの設計思想を理解するのに参考になる。

３）『Homebuilt Airplanes』
Photo:Baron Wolman, Text:Peter Garrison（Chronicle Books, 1979）
Introductionにホームビルト機の歴史が語られており、3. Rutan's Renegades という章にバート・ルタンが設計した機体の美しい写真がある。

４）『Voyager The World Flight』
The Official Log, Flight analysis and narrative explanation of the record around the World Flight of the Voyager aircraft.

おわりに

一九七二年、私は初めての著書『地球からの発想』（新潮選書）を出し、幸いにも第二一回日本エッセイスト・クラブ賞を授与されて以来、四冊の本を出しているが、そのいずれも、雑誌や新聞に発表した作品を集めた著作集であった。

ところが、この本は全くの書き下ろしである点がこれらの著書と違っている。その上、これまでの作品が雪氷学とその周辺分野に関する、いわば専門の仕事から生まれたのに対して、この本は専門外の趣味、七〇年来の飛行機好きから出発したものであることも大いに違う点である。

それだけに、この本の出版に当たっては多くの方々のお世話になった。なかでも、航空ジャーナリスト協会会員で航空史研究家の荒山彰久氏との出会いが無かったら、この本が世に出ることは無かったと思われるほど、原稿の作成、出版の具体化で多くのご助力を戴いた。ここに心からの謝意を表したい。それに、出会いのきっかけが、本文にも書いたように、『航空情報』に同氏が書かれた論考であったことも、〝航空的〟で面白い。

次に出版の実務でお世話になったのは、酣燈社の西尾太郎、キャトル・バンの石塚崇の両氏である。内容の性質上、図版が多く、それも外国の著書からの転載があるので、事務処理が多いのに対処下さったことを感謝している。

特に私の航空関係の蔵書の中で多くの著書の出版社である酣燈社から出版できるのは、大きな喜びであり、飛行機好きの仲間に誇れ、羨ましがられる点である。

こうして、傘寿を越えて書き下ろしの本が書けたのは、やはり夫婦揃って元気に暮らし、海外旅行をともに楽しんだ妻の哲子（さとこ）のお陰である。この本の題名を提案してくれたことも併せて、ここに感謝したい。

そして、最後に挙げたいのは、数多くのボイジャー関係の〝本たち〟への謝意である。巻末の参考文献に挙げたようにその数と種類を日本第一級だと秘かに自賛し、一冊ずつを眺めて楽しみ、読んで想いを膨らませてきた。それに、「あれはどの本に書いてあったかな」と思い出す知力と「あの本はどこにあったかな」と書棚を探して取り出す体力を保てたのは、この〝本たち〟のお陰である。中には、遠く欧米の地からともに旅してきた苦労も含めて、感謝したい。

著者略歴

樋口敬二（ひぐちけいじ）

雪氷学者。1927年朝鮮で生まれ、京都で育つ。旧制・三高時代に氷の実験を試み、1949年、中谷宇吉郎門下となるために北海道大学に進み、大学院終了後、同大助教授として航空機を使って石狩平野の降雪雲を観測し、「紙の雪」の撒布実験などを行う。

1966年、名古屋大学教授となり、現地調査・航空機によって雪渓・氷河・永久凍土などを観測し、地球温暖化の影響に関する先駆的研究を進めた。1961年名大を定年退官後は、中部大学教授、名古屋市科学館館長を務め、現在は名古屋大学名誉教授。

日本気象学会賞、日本雪氷学会賞、紫綬褒章等を受賞。著書『地球からの発想』（新潮選書）で第21回日本エッセイスト・クラブ賞を受賞、また趣味の水彩画で「旅のスケッチ展」を開くなど、多彩な側面を持っているが、70年来の航空ファンであり、本書はその成果である。

夢を翔んだ翼　ボイジャー
無給油無着陸の世界一周機
2010年4月12日　初版第1刷発行

著　　者　樋口敬二
発 行 者　西尾太郎
発 行 所　株式会社酣燈社
〒101-0033
東京都千代田区神田岩本町1番地　岩本町ビル9階91号
電話　03-5875-8851
ファックス　03-5875-8852
郵便振替　00170-4-194977
印刷・製本　モリモト印刷株式会社
©Keiji Higuchi 2010 Printed in Japan
ISBN 978-4-87357-350-2
※万一、落丁乱丁の場合はお取り替えいたします。